愛犬のコリ・痛みを最短10秒でほぐす！

改訂版 メンテナンス ドッグマッサージ®

櫻井 裕子 株式会社チェリーィヌ 代表・メンテナンスドッグマッサージ®創案者

基礎編

STEP 3 パーツ編 *45*

はじめに

●犬は、からだの構造上の特徴から、ヒトよりも肩や腰がこりやすい動物だといわれます。

●実は、愛犬たちは、痛みやつらさのさまざまなサインを、ちゃんと発しているのです。たとえば、生活習慣からくる筋肉のコリのサインは〝姿勢の崩れ〟に、誤った動作の反復によるからだの歪みや痛みをかばうサインは〝歩き方〟に現れます。

●飼い主さんがサインの意味とつらさを改善してあげる方法を学んで知っていれば、愛犬のメンテナンスをしてあげることができるのです。そしてもし、それが重大な関節の疾患やトラブルの予兆であった場合には、早期発見につながります。

●愛犬との絆を強め、愛犬のストレスを緩和してリラックスさせることを主テーマとするドッグマッサージが多い中、犬たちのからだのメンテナンスのためのマッサージに着目し、研究を重ねてきました。関節のトラブルや生活習慣から起こる筋肉の痛みの改善と予防、シニア犬の寝たきり防止、アスリート犬のスポーツ障害の予防を目指すマッサージです。

●メンテナンスドッグマッサージ®は、犬の解剖学に基づく基礎知識の上に成り立っています。

最大の特徴は「速効性」です。普通のケースであれば10秒以内に、カチカチにこり固まった筋肉がふわふわで柔らかな筋肉に戻るのを実感できます。痛みが出るメカニズムを正しく理解した上で、筋肉がゆるむ4つの条件に即して、「とらえるべき筋肉の箇所」に的確に刺激を与える〝攻めるマッサージ〟だからです。

●絆づくりやリラックス、健康で長生きは当たり前の前提で、それを超える価値を愛犬家とパートナーの犬たちに提供し、喜んでいただけたらと思っています。獣医療の専門用語や知識も登場しますが、「うちの愛犬のからだはこうなっているから、ああなるのね」と、ナゾ解きの気持ちで読み進めていただければ幸いです。

●ドッグマッサージを生活に取り入れることで、愛犬の人生は必ず変わります！メンテナンスドッグマッサージ®の入り口として紹介している本書を見ながら、愛犬にマッサージをする新しい習慣を作っていただけたら嬉しいです。

櫻井裕子

STEP *1*

プレ・マッサージ編

●マッサージ・プレ知識

犬も肩がこるって本当ですか？

【目的】　・犬のからだのしくみとコリやすい理由を知る
　　　　　・メンテナンスドッグマッサージのメカニズムを知る

コリはなぜ起こる？

　コリは、急な動きや長時間同じ動作を繰り返すこと、また逆にからだを動かさないことによる〝筋肉の緊張〟から生じます。筋繊維の血液の循環に障害を起こしている状態です。

　こうしたコリは、成犬よりも激しい動きをする子犬、ドッグダンスやドッグスポーツを行う競技犬、同じ姿勢を取り続けて筋肉疲労を起こしている犬、からだが冷えやすい犬に多く生じます。とくに老犬や障害をもっている犬などは循環障害を起こしやすく、筋肉のエネルギー不足が発生してこりやすくなります。レントゲンを撮っても異常がないことが多く、普通に歩いていたり痛がる様子がなかったりしても、〝痛みのサイン〟を発信しています（☞P10）。

犬がヒトよりこりやすい5つの理由

❶「鎖骨が退化した」ため、頭部を支え、前肢を動かす筋肉の負担が大きい

　犬は長い進化の過程で、より速く長く走るために、前肢に体重をかける前のめりの姿勢となり、鎖骨が退化しました。鎖骨は肩関節の広い可動域に関わる部位です。それが退化した代わりに、肩甲骨と腕の骨は首と肩の筋肉でつりさげられ、そのための筋肉や腱が発達しました。上半身を首と肩で支えているわけですから、じっとしていても動いていても、人よりはるかにこりやすいといえます。

❷「四足歩行」は、首・背・腰の負担が大きい

　試しに四つんばいで歩いたり、腕立て伏せをしてみると、腕と胴体を支えている筋肉の負担にちょっとびっくりすると思います。二足歩行のために退化して使われなくなったヒトの筋肉も、四足歩行の犬にとっては酷使されているものが多いのです。体重を支える四肢はもちろん、首から腰にかけての筋肉に想像以上の疲労が溜まります。

❸「走る」とき、前肢は体重の約60％を支えている

　鎖骨が退化した犬は、後頭部の骨につく筋肉や胸の筋肉、肩甲骨を支えている筋肉で上半身を支えて走ります。より速く走るための前のめりの姿勢では、前肢に全体重の約6割がかかるといわれます。

❹ 飼い主さんを「見上げる姿勢」は、首がこる

　飼い主さんを見上げる姿勢・動作は、普段の生活の中でも多いもののひとつです。小型犬ほど見上げる角度は大きくなるため、首の前側が硬くなりやすくなります。また、大型犬やからだの割に頭が大きな犬種は、首の背中側がこりやすくなります。

最

❺「リード」の負担

　リードを引っ張って歩く犬は首の筋肉が硬くなり、歩行や立ち姿にも支障が出ていたり、気管がつぶれやすくなって呼吸器のトラブルが出やすくなっていたりします。もしこれがヒトならば、毎日交通事故に遭ってむち打ちになっているのと同じ状態です。

メンテナンスドッグマッサージの効果の速攻性の理由（わけ）

❶筋肉と筋膜のつながりを利用

　筋肉または筋群の表面は、**筋膜**という薄い膜で包まれています。筋膜は筋肉を保護しながらその動きを円滑にし、一定の位置にゆるく固定する役目をもっています。メンテナンスドッグマッサージにおいて、マッサージする部分から離れた場所の筋肉が瞬時にゆるむのは、この〝筋肉と筋膜のつながり〟を利用しているからです。

❷筋肉の起始と停止を狙う

　からだのひとつの動きは、筋肉が骨格を動かすことで成り立っています。筋肉は腱によって骨格に付着しています。腱が付着する部位のうち、基本的に筋肉が動いても動かないほう（支点）を**起始**、動くほう（作用点）を**停止**といいます。この起始部と停止部には**ゴルジ腱器官**＊という感覚器が分布し、筋や腱が過剰な伸長によって断裂することを防ぐ指令を脳に送っています。

　メンテナンスドッグマッサージの速効性は、筋肉の起始部と停止部をピンポイントで狙い、ゴルジ腱器官の反射を利用して、ダイレクトに脳にアプローチしているからです。

❸トリガーポイントを狙う

　コリには痛みの中心点である**トリガーポイント**があり、これができてしまう筋肉の場所はだいたい決まっています。メンテナンスドッグマッサージが〝一瞬痛いけれど、すぐに効果が現れる〟のは、このトリガーポイントを的確に攻め、コリを素早くリリースしているからです（☞P89）。

＊複数の神経を経由して脊髄反射を起こす器官です。安静時には筋肉の活動を抑え，運動時には筋肉の活動を増加させる働きをします。

触ってわかる筋肉の健康レベル

【目的】 ・軽いコリから、コリによる関節や神経の痛みの段階までを、
筋肉の柔らかさと弾力でチェック

犬の痛みは、「見た目のサイン」で9割わかる！

　野生のいきものは、からだの不調を本能的に隠します。自然界において、不調を他者に知られるということは弱点をさらすこと、生命の存続に関わるからです。

　ペットの犬も例外ではなく、本能から痛みや不調を隠す傾向が強いのです。たとえ慢性的な痛みがあっても、飼い主さんを心配させまいと元気にふるまうケースも少なくありません。痛む部分をかばうことで、新たに別の箇所に痛みを発生させていくことも多いのです。

　関節や筋肉の痛みは、ヒトの「肩がこってツライ」というレベルのものから、至急獣医師の診断が必要なものまでさまざまです。けれどそれら痛みの9割は、姿勢や歩行、ふだんの生活ぶりに「見た目のサイン」となって現れています。そのサインを間違って解釈し続けた結果、症状が悪化して、最悪の場合、手遅れということもあるのです。

　そんなことにならないためにも、毎日愛犬のからだに触り、些細なしぐさや動作の変化を見逃さないことがポイントです。まず、現在の筋肉の健康レベルをチェックしてみましょう。

愛犬のコリ チェック

CHECK 1 ○で囲まれているエリアの皮膚をつまんで、引っ張ってみましょう。

1. つきたてのお餅のように伸びる
　　▶あなたの愛犬のコリはほとんどありません。

2. つまめるが、引っ張れない
　　▶あなたの愛犬のコリは中程度です。表面の筋肉はほぐれていますが、深部の筋肉は硬いところがあります。

3. まったくつまめない
　　▶あなたの愛犬のコリは重症です。痛みを感じているか、動きに制限が出やすくなっています。

CHECK 2 ①〜⑱ のエリアに触って感触を確かめ、エリアごとに1.〜4.の段階で点数をつけてみましょう。

1. 大福のような弾力があり、柔らかい ────────▶ 3点
2. マシュマロのようにふわふわで、柔らかい ────────▶ 2点
3. 少し力をこめると、硬いゴムボールのような弾力がある ────▶ 1点
4. とても硬く、骨なのか筋肉なのかわからない ────────▶ 0点

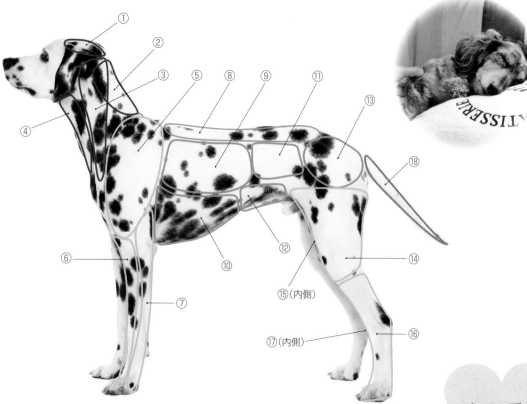

【合計点数】

40点〜54点　あなたの愛犬はコリによる痛みはほとんど感じず、快適に過ごしていると思われます。日々のマッサージの効果が出ています。

25点〜39点　生活に支障は出ていませんが、少し動かしにくいところや、慢性的な痛みが部分的にある可能性があります。

0点〜24点　全身カチカチにこっていて、慢性的な痛みや動かしにくい関節があるでしょう。今、「痛がっていない」ように見えても、この状態が続くことで将来的に関節の痛みが出てくる可能性があります。

さて、愛犬の筋肉の健康レベルは、いかがでしたか？

●健康チェック②

見た目でわかるHELPサイン

そのサイン、「いつものクセ」と勘違いしていませんか？

【目的】　・愛犬をよく観察して、健康な状態との違いに気づく
　　　　　・動作やしぐさの変化を見逃さない

HELPサイン　チェックシート

●サイン

ピンク→まずは病院で診察を
ブルー→マッサージなどのケアで要観察ののち受診を

| ✓ | 原因 | ☞このページへ |

＊＝マッサージは、獣医師の診察・相談・許可ののち行ってください。

●全身・四肢

サイン		原因
背骨が曲がっている（猫背）	□	背骨の変形・緊張しやすい　☞P37-39, 62-63, 66
背骨に他の場所とは違う硬さになっているところがある	□	背骨のトラブル　☞P34-39, 60-63
胸の筋肉が発達しすぎている（鳩胸）	□	腰・後肢の痛みをかばっている　☞P60-63, 66-69, 74-75
肘が外側に向いている[1-1]	□	肩の脱臼の可能性・腰や後肢の病みをかばっている☞P60-63,66-69,70-75
仰向けに寝かせると前肢が幽霊の手のようになる	□	首・胸・上腕・指のコリ　☞P70-77
仰向けや伏せをすると前肢がXポーズをする	□	胸・上腕内側・肩甲骨上の筋肉のコリ　☞P73-75
仰向けに寝かせると股が水平に開かない	□	お尻・股関節・内腿のコリ　☞P34-39, 60-61, 66
肉球が凹んでいる、掌球が内側や外側に傾いている	□	四肢や指の関節の痛み　☞P78-81
肉球より爪が長く伸びている	□	腰痛の原因　☞P81
爪の削れ方が不均等（ex.内側や外側が斜めに削れる）	□	背中・腰・四肢の痛み　☞P60-63, 66-81
ひねると嫌がる、もしくはひねりにくい指がある	□	指の変形・前頸部のコリ・腰痛　☞P40-41, 76-81

●座り姿勢

サイン		原因
前肢を前後にずらしてお座りする（モデル立ち）	□	背骨（脊椎）・骨盤のゆがみ　☞P34-43, 60-63
横座りをする（お姉さん座り）	□	股関節・膝痛・背骨のゆがみ　☞P34-41, 60-63
あぐらをかいて座る	□	股関節の痛み　☞P34-43, 60-63
後肢を前に投げ出して座る	□	膝・股関節の痛み　☞P34-39
つま先がからだのラインからはみ出る	□	足首の関節が曲がりにくい・骨盤の歪み　☞P80
後肢がからだのラインからはみ出る	□	股関節形成不全＊　☞P34-39, 60-63
かかとが外側に向き、つま先がお腹側に入る	□	老化による大腿部の筋力低下　☞P34-41, 60-61, 80-81
何かに寄りかかって腰掛ける・座る[1-2]	□	腰・後肢の痛み　☞P34-39, 60-63
お座りのスピードが遅くなった	□	腰・後肢の痛み・コリ　☞P34-41, 60-63, 68-69
尻もちをつくようにドスンと座る	□	後肢の関節が曲がりにくい　☞P34-39, 60-61, 68-69

●立ち姿勢

サイン		原因
前肢のつま先がバレリーナのように開いている	□	リードを引っ張る　☞P50-51, 54-55, 70-79
前肢がO脚（専門用語で「バイオリン」）[2]	□	フローリングで滑る・後肢のトラブル　☞P66-69, 70-75
前肢の幅が狭い	□	肘関節形成不全＊・胸の筋肉のコリ　☞P72-74
前肢の幅が広い[3]	□	胸の筋肉のコリ　☞P73-75

1-1,1-2,1-3 ミニチュアピンシャーとイタリアングレーハウンドはOK。
2 一部の犬種ではスタンダードの場合あり。早期成長板閉鎖症もこの形になります。
3 ダックスフントなどの短足犬種では広め。

症状		原因・参照
足の甲で立つことがある（ナックリング）*	☐	四肢の筋力低下　☞P34-39　脊髄の神経の病気*
前足首やかかとが前に倒れる（ナックルオーバー）*	☐	脊髄の神経の病気*・重度の膝蓋骨脱臼　☞P63-66, 76-81
前足首やかかとが後ろに倒れる	☐	爪の伸びすぎ・脚力低下・前肢痛　☞P68-69, 76-81
立ったとき後肢を後ろに引けず、股関節の角度が垂直に近くなる	☐	骨盤の歪み、腰・お尻・後肢の痛みやコリ　☞P37-39, 60-63, 66-69
後ろから見たとき、後肢の幅が広い4	☐	肘関節形成不全*　☞P34-36, 78-79
後ろから見たとき、後肢の幅が狭い	☐	股関節形成不全・後肢の痛み*　☞P34-41, 60-69
後肢がO脚（＝かかとが外側に向く）5	☐	膝蓋骨内方脱臼*　☞P34-41, 60-63, 66-69
後肢がX脚（＝かかとが内側に向く）	☐	背骨のトラブル（老犬）・膝蓋骨外方脱臼*　☞P34-41, 60-69

●歩行の様子

症状		原因・参照
歩幅が狭い（前肢・後肢）	☐	四肢を動かす筋肉のコリ・痛み　☞P37-39, 70-79
歩いていると突然ストレッチを始める	☐	初期の膝蓋骨脱臼*　☞P66-69
足を引きずったりケンケンしたりして歩くことがある	☐	腰椎や四肢の関節の痛み*
バウンスするように躍動感がある歩き方をする6	☐	腰椎・後肢の痛み　☞P34-41, 60-63, 66-69
スキップして歩く	☐	膝蓋骨脱臼*　☞P34-41, 66-69
うさぎ跳びをする	☐	股関節形成不全*　☞P34-39, 60-63
ある肢が着地するたびに頭が下がる	☐	その肢の痛み*
首を上下に振って歩く	☐	後肢の筋力低下・痛み　☞P34-41　前肢の疾患の可能性*
頭を下げたまま歩く	☐	首から背中の筋力低下・コリ・痛み　☞P60-63
肘や前足首を曲げ伸ばしせずに歩く	☐	首から前肢の痛み、コリ　☞P70-77, 79
前肢を高く上げて歩く（ハックニーゲイト・ハックニーライクゲイト）1-3	☐	後肢の筋力低下　☞P34-41, 75　前肢の先天的な欠陥*
前肢を花魁のように回して歩く	☐	肩関節が不安定　☞P70-71
後肢を体のラインより外側にはねて歩く	☐	重度の膝蓋骨脱臼*　☞P60-63, 66-69
後肢の震え・ふらつき	☐	馬尾症候群*・変性性脊髄症・椎間板ヘルニア　☞P34-43, 60-63
膝を曲げたまま歩く	☐	胸椎〜腰椎にかけての痛み・脚力低下　☞P34-41, 66-69
膝や後足首の曲げ伸ばしをせずに歩く	☐	腰椎〜後肢の痛みによる意識の切り離し　☞P66-69
尾が上がりにくい7	☐	尾の筋肉のコリ・老化・馬尾症候群*　☞P42-43
尾を横に振るときに動きが右か左に偏る	☐	尾の筋肉のコリ・骨盤の歪み　☞P42-43
お尻をふりふり振って歩く	☐	股関節形成不全*　☞P34-39, 60-61

●生活習慣・その他

症状		原因・参照
舐めたり、噛んだりする箇所がある	☐	その箇所の痛みの可能性　☞そのパーツのページ
からだに触られるのを嫌がる、怒る	☐	ガチガチのコリ、関節の痛み　☞P62-63
イライラしてよく吠える、気性が荒くなった	☐	全身のコリの可能性　☞P48, 52, 58, 62-63
散歩に行きたがらなくなった	☐	全身のコリ・関節の痛みの可能性　☞P34-43, 46-89
お手やハイタッチができない、しにくい	☐	首・胸・肩・背中の筋肉のコリ　☞P70-75
フローリングで滑りやすい	☐	前肢と後肢のO脚の原因　☞P50-51, 66-79
あごを何かに乗せて寝る・枕を作る	☐	首・肩のコリ　☞P46-49
階段などの上り下りを嫌がる、時間がかかる、できない	☐	肩・肘・膝・股関節の痛み*・馬尾症候群*
だっこをすると首を後ろに反らす	☐	胸のコリ　☞P73-75
洋服やハーネスを脱いだり着たりするのを嫌がる	☐	首・肩・脇・腕・背中のコリ　☞P50-51, 70-71
咳や逆クシャミが出やすい。気管虚脱と診断されたことがある	☐	前頸部の筋肉のコリ　☞P50-55
うんちのスタイルで前進する。排便に時間がかかる	☐	腹部・尾・肛門周りの筋肉のコリ　☞P43, 66
オス犬の陰部の付け根が硬い	☐	睾丸が大きい、陰部の付け根のコリ　☞P64

4 ブルドッグ、フレンチブルドッグなど一部の犬種ではスタンダードの場合あり。
5 ダックスフントのO脚は成長期に脛骨が内弯する「脛骨内弯症」の場合があります。
6 一部の犬種ではスタンダードの場合あり。
7 下がっているのがスタンダードの犬種あり。

正しい姿勢と体形

【目的】 ・愛犬のチェック結果と、正しい姿勢・体形を比べましょう

側面・正面・後面から四肢をチェック

　体形は犬種によって異なりますが、立ちポーズの側面・前面・後面で正しい四肢の基本のかたちを覚えましょう。つま先・肘・かかとがまっすぐ前方に向いているか、前肢の幅は狭すぎたり広すぎたりしていないか、体重を左右均等にかけているかなどをチェックしてください。

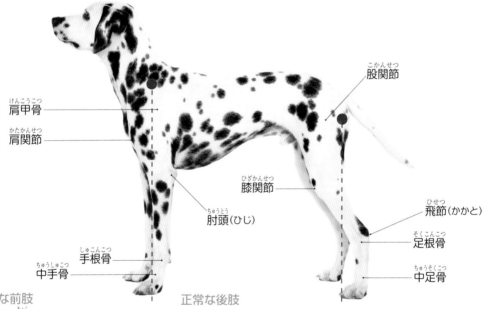

股関節（こかんせつ）

肩甲骨（けんこうこつ）

肩関節（かたかんせつ）

膝関節（ひざかんせつ）

飛節（かかと）（ひせつ）

肘頭（ひじ）（ちゅうとう）

足根骨（そくこんこつ）

手根骨（しゅこんこつ）

中手骨（ちゅうしゅこつ）

中足骨（ちゅうそくこつ）

正常な前肢
肩甲骨の棘（きょく）の中央から地面に引いた垂直線（しょうきゅう）が、重心を通って掌球の中心を通ります。

ナックルオーバー
手根骨が前方へねじれて掌が浮くことでつま先の負担が大きくなり、前肢の可動域も狭くなります。後肢にも生じます。

正常な後肢
膝関節からつま先が、坐骨の下側（坐骨結節）から地面に引いた垂直線よりやや後ろに引かれ、飛節から下が垂直に近いほど理想です。

ストレート・ホックス ──→
飛節が前へ倒れるほど、膝関節の負担が大きくなります。

シックル・ホックス ──→
飛節が後ろへ倒れるほど、膝や腰の関節に負担がかかります。

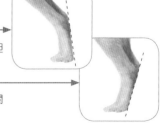

●大型犬は体重の重さから、後肢の足首が曲げにくい、お尻や首の後ろ、肩甲骨周りなどにコリが生じやすい、肘関節や股関節、膝のトラブルを起こしやすいなどの傾向があります。

左からシベリアンハスキー、ビアデッドコリー、ボクサー。

正中断面

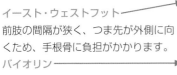

ココもチェック！

座ったとき、後肢がからだの幅より外側にはみだしたり、前肢の間隔が狭すぎたり、つま先が外側へ向いたりしていませんか？

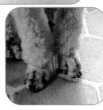

正常な前肢
肩（肩関節中央）から地面に引いた垂直線が、人差し指と中指の間を通ります。

イースト・ウェストフット
前肢の間隔が狭く、つま先が外側に向くため、手根骨に負担がかかります。

バイオリン
肘が外側に突出し、前腕が内側へ傾いて足先は外側へ向くため、手根骨の内側に過度の負担がかかります。

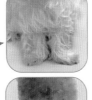

正常な後肢
坐骨結節から地面に向かって引いた垂直線が、かかとの骨を通ります。

カウ・ホック（X脚）
飛節が内側に入るため、それぞれの飛節の内側に負担がかかります。

バンディレッグ（O脚）
後肢が外側に湾曲するため、飛節の外側と足底に負担がかかります。

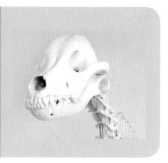

からだを支える骨格、骨格を動かす筋肉を覚えよう

知らないと不便なからだの名前

　犬のからだの名前と位置（範囲）は、ヒトの場合と異なるものもいくつかあります。まずは犬のからだの部位と体位を覚えて、マッサージの実践に役立てましょう。

●からだのしくみ①
部位と体位

　部位はからだの各部分を指します。「体幹」は、頭と四肢を除いたからだの領域を指します。便宜上、手根を前足首、足根を足首といいます。

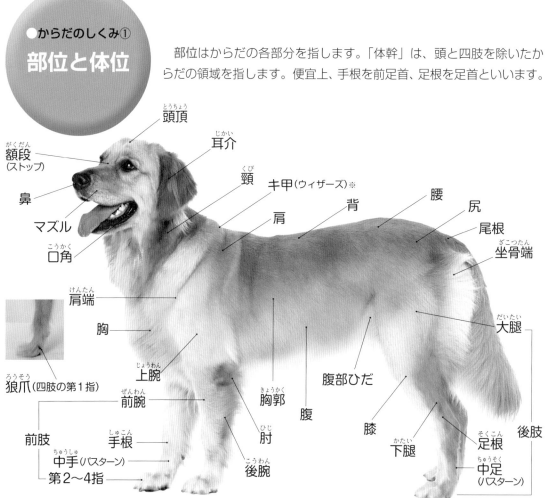

頭頂（とうちょう）
耳介（じかい）
額段（がくだん）（ストップ）
鼻
マズル
口角（こうかく）
頸（くび）
キ甲（ウィザーズ）※
肩
背
腰
尻
尾根
坐骨端（ざこつたん）
肩端（けんたん）
胸
上腕（じょうわん）
狼爪（ろうそう）（四肢の第1指）
前腕（ぜんわん）
前肢
手根（しゅこん）
中手（ちゅうしゅ）（パスターン）
第2〜4指
後腕（こうわん）
肘（ひじ）
胸郭（きょうかく）
腹
腹部ひだ
膝
下腿（かたい）
大腿（だいたい）
後肢
足根（そくこん）
中足（ちゅうそく）（パスターン）

※肩甲骨上部と第1、第2胸椎が接合する部分をキ甲といいます。体高は、キ甲から足底までを測定します。

●小型犬は飼い主を見上げる角度が大きくなるため、首の前の筋肉がガチガチにこりやすくなります。また、小型になるほど骨が細くなるので、犬種によっては膝の脱臼が多くみられます。左からポメラニアン、トイプードル、小型ですが体重では中型犬に入るウェルシュコーギー。

　体位は、機能的に異なるからだの部分の位置と範囲を示す用語です。マッサージのとき、押さえるからだの位置を示すときにも用いるので、覚えておくと便利です。

背側・腹側／背あるいは腹に対する位置関係を示します。
前（頭）・後（尾）／手根・足根より上部の四肢、腹から背において、ふたつの部位を指すとき、頭部により近い位置を前（頭）、尾により近い位置を後（尾）といいます。
近位・遠位／四肢において、近位は体幹により近い部分、

遠位は体幹からより離れた肢端の部位を示します。また、前足首から下の前面を背側、後面を掌側、足首から下の前面を背側、後を底側といいます。
頭部／上方は背側（上側）、下方は腹側（下側）を指します。吻側は頭部の前方、尾方は後方といいます。

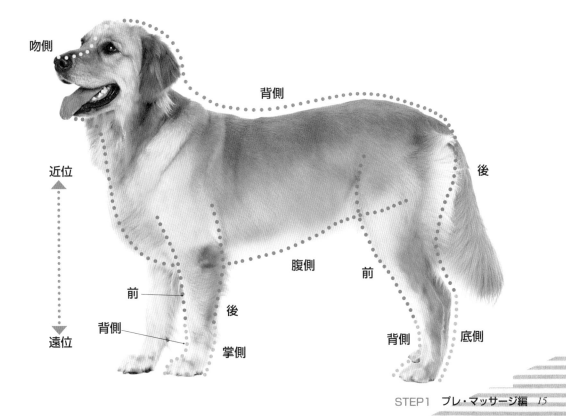

吻側
背側
近位
後
腹側
前
前
後
背側
掌側
遠位
背側
底側

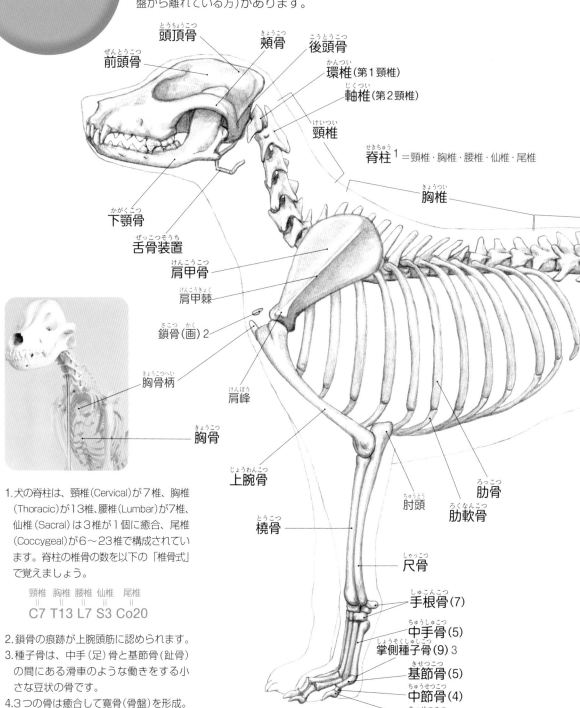

● からだのしくみ②
骨格

犬のからだには約320の骨があります。筋肉は骨を動かすためにあり、必ず2つ以上の骨にまたがって付きます。骨との付着部には、運動するときに動かない支点（起始部＝体幹や骨盤に近い方）と、動く作用点（停止部＝体幹や骨盤から離れている方）があります。

頭頂骨
前頭骨
頬骨
後頭骨
環椎（第1頸椎）
軸椎（第2頸椎）
頸椎
脊柱[1]＝頸椎・胸椎・腰椎・仙椎・尾椎
胸椎
下顎骨
舌骨装置
肩甲骨
肩甲棘
鎖骨（画）[2]
胸骨柄
肩峰
胸骨
上腕骨
橈骨
尺骨
肘頭
肋骨
肋軟骨
手根骨（7）
中手骨（5）
掌側種子骨（9）[3]
基節骨（5）
中節骨（4）
末節骨（5）

1.犬の脊柱は、頸椎（Cervical）が7椎、胸椎（Thoracic）が13椎、腰椎（Lumbar）が7椎、仙椎（Sacral）は3椎が1個に癒合、尾椎（Coccygeal）が6〜23椎で構成されています。脊柱の椎骨の数を以下の「椎骨式」で覚えましょう。

頸椎 胸椎 腰椎 仙椎 尾椎
C7 T13 L7 S3 Co20

2.鎖骨の痕跡が上腕頭筋に認められます。

3.種子骨は、中手（足）骨と基節骨（趾骨）の間にある滑車のような働きをする小さな豆状の骨です。

4.3つの骨は癒合して寛骨（骨盤）を形成。

頭蓋のかたちの変化

●犬の頭部のかたちは、3つの基本形があります。オオカミの頭蓋骨を伸ばすことによって長頭型のサルーキが開発され、逆に短くすることによって中頭型のポインター、より短くした短頭型のボクサー、さらに短縮した超短頭型のパグが生まれました。

1. **長頭型頭蓋**／長く幅の狭い頭部、上の前歯と下の前歯がわずかに重なるシザーズ・バイト（鋏状咬合）が特徴です。

2. **中頭型頭蓋**／もっとも一般的な形で、頭頂はほぼ平坦です。

3. **短頭型頭蓋**／短顔と頭部の深いスリットが特徴です。下の前歯が上の前歯より突き出すアンダーショット・バイト（反対咬合）がみられることがあります。

ボルゾイ

シベリアンハスキー

ボクサー

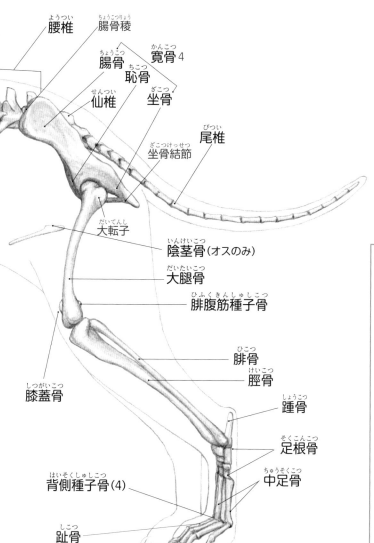

腰椎
ようつい

腸骨稜
ちょうこつりょう

寛骨4
かんこつ

腸骨
ちょうこつ

恥骨
ちこつ

坐骨
ざこつ

仙椎
せんつい

尾椎
びつい

坐骨結節
ざこつけっせつ

大転子
だいてんし

陰茎骨（オスのみ）
いんけいこつ

大腿骨
だいたいこつ

腓腹筋種子骨
ひふくきんしゅしこつ

腓骨
ひこつ

脛骨
けいこつ

踵骨
しょうこつ

足根骨
そくこんこつ

膝蓋骨
しつがいこつ

背側種子骨（4）
はいそくしゅしこつ

中足骨
ちゅうそくこつ

趾骨
しこつ

正しい立ち方の骨の角度

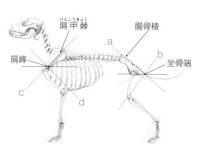

肩甲棘
けんこうきょく

腸骨稜

肩峰

坐骨端

a

b

c

d

●肩関節、膝関節、飛節などからだの関節部分の角度のことをアンギュレーション（Angulation）といいます。

腸骨稜の中心と坐骨結節を結ぶ**a**と、坐骨結節と膝蓋骨を結ぶ**b**は直角に交わります。

肩甲棘と肩峰を結ぶ**c**と、肩峰と肘頭を結ぶ**d**は直角に交わります。

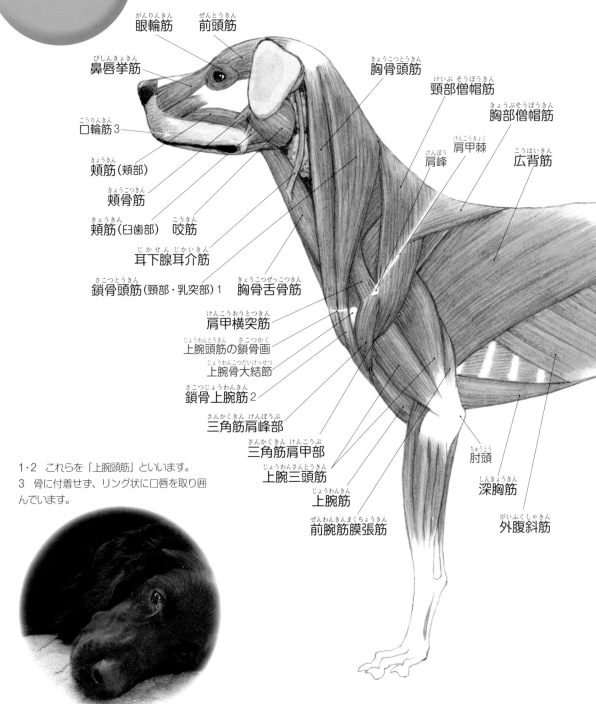

●からだのしくみ③
側面浅層部 主要な筋肉

体表に近い部分にある筋肉を「浅層筋」（アウターマッスル）といいます。
皮膚のすぐ下にあるので、手で触れることができます。

眼輪筋（がんりんきん）
前頭筋（ぜんとうきん）
鼻唇挙筋（びしんきょきん）
口輪筋3（こうりんきん）
頬筋（頬部）（きょうきん）
頬骨筋（きょうこつきん）
頬筋（臼歯部）（きょうきん）　咬筋（こうきん）
耳下腺耳介筋（じかせんじかいきん）
鎖骨頭筋（頸部・乳突部）1（さこつとうきん）
肩甲横突筋（けんこうおうとつきん）
上腕頭筋の鎖骨画（じょうわんとうきん・さこつかく）
上腕骨大結節（じょうわんこつだいけっせつ）
鎖骨上腕筋2（さこつじょうわんきん）
三角筋肩峰部（さんかくきん・けんぽうぶ）
三角筋肩甲部（さんかくきん・けんこうぶ）
上腕三頭筋（じょうわんさんとうきん）
上腕筋（じょうわんきん）
前腕筋膜張筋（ぜんわんきんまくちょうきん）

胸骨頭筋（きょうこつとうきん）
頸部僧帽筋（けいぶ そうぼうきん）
胸部僧帽筋（きょうぶそうぼうきん）
肩甲棘（けんこうきょく）
肩峰（けんぽう）
広背筋（こうはいきん）
胸骨舌骨筋（きょうこつぜっこつきん）
肘頭（ちゅうとう）
深胸筋（しんきょうきん）
外腹斜筋（がいふくしゃきん）

1・2　これらを「上腕頭筋」といいます。
3　骨に付着せず、リング状に口唇を取り囲んでいます。

18

★表皮・皮下組織・血管などを取り除き、個々の筋肉を見やすくするために一部の筋膜や腱を省略しています。

●健康な犬は動きに無駄がなく、歩くとき背中はゆるやかなS字を描きます。筋肉が部分的にこっていたり麻痺が起きていたりすると、動作はぎくしゃくし、姿勢や歩行に影響が出てきます。

　犬は3日運動をさせないと筋肉は簡単に落ちてしまい、それを回復させるには、3倍の9日間必要だともいわれます。筋肉が滑らかに動くためには、定期的な運動は欠かせません。

　通常歩行、速足、駆け足を組み合わせた運動が最適です。ジャンプは着地のとき、老犬や犬種によっては脊髄を圧迫しやすいので、犬種や年齢にあった運動やエクササイズが必要になります。

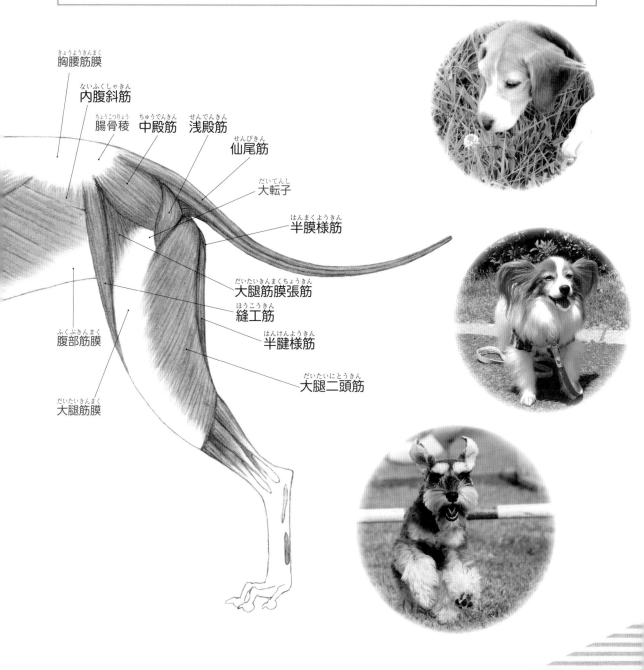

胸腰筋膜（きょうようきんまく）

内腹斜筋（ないふくしゃきん）

腸骨稜（ちょうこつりょう）　中殿筋（ちゅうでんきん）　浅殿筋（せんでんきん）

仙尾筋（せんびきん）

大転子（だいてんし）

半膜様筋（はんまくようきん）

大腿筋膜張筋（だいたいきんまくちょうきん）

縫工筋（ほうこうきん）

半腱様筋（はんけんようきん）

大腿二頭筋（だいたいにとうきん）

腹部筋膜（ふくぶきんまく）

大腿筋膜（だいたいきんまく）

側面深層部
主要な筋肉

浅層筋の下にあり、骨格を支え、浅層筋を補助する筋肉を「深層筋」
（インナーマッスル）といいます。

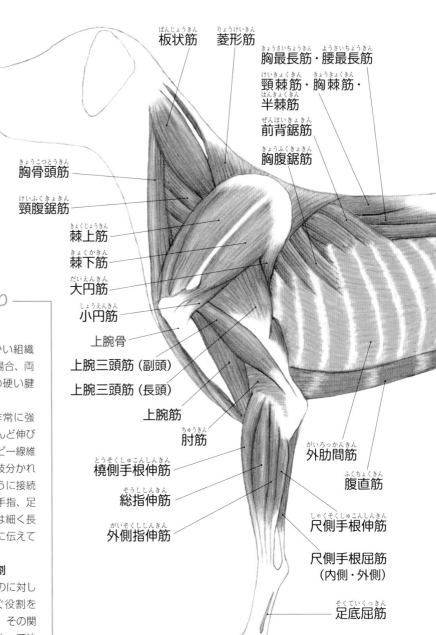

板状筋
りょうけいきん
菱形筋
きょうさいちょうきん ようさいちょうきん
胸最長筋・腰最長筋
けいきょくきん きょうきょくきん
頸棘筋・胸棘筋・
はんきょくきん
半棘筋
ぜんはいきょきん
前背鋸筋
きょうふくきょきん
胸腹鋸筋
きょうこつとうきん
胸骨頭筋
けいふくきょきん
頸腹鋸筋
きょくじょうきん
棘上筋
きょくかきん
棘下筋
だいえんきん
大円筋
しょうえんきん
小円筋
上腕骨
上腕三頭筋（副頭）
上腕三頭筋（長頭）
上腕筋
ちゅうきん
肘筋
とうそくしゅこんしんきん
橈側手根伸筋
そうししんきん
総指伸筋
がいそくししんきん
外側指伸筋
がいろっかんきん
外肋間筋
ふくちょくきん
腹直筋
しゃくそくしゅこんしんきん
尺側手根伸筋
しゃくそくしゅこんくっきん
尺側手根屈筋
（内側・外側）
そくていくっきん
足底屈筋

骨・筋肉・腱のつながり

●筋肉と骨を接続する腱

筋肉は伸び縮みする柔らかい組織
で、太さもあるため、多くの場合、両
端の部分は細い白いスジ状の硬い腱
になって骨についています。

腱は結合組織織維という非常に強
靭なものでできていて、ほとんど伸び
縮みしません。末端はシャーピー線維
（貫通線維）という細い線維に枝分かれ
し、骨の表面に突き刺さるように接続
しています。また、前足首や手指、足
首・足指などの部分においては細く長
い腱が渡り、筋肉の力を先端に伝えて
います。

●靭帯は関節部を補強する役割

腱が筋肉と骨を接続させるのに対し
て、靭帯は骨どうしをつなぐ役割を
もっています。関節の動きは、その関
節を構成する骨どうしの形によって決
まっており、靭帯が関節の接続を補強
しています。

●からだの動きは、さまざまな筋肉が連動しながら伸縮することによって成り立ちます。浅層筋は強い筋力でからだを動かし、深層筋は骨格を支えながら、浅層筋の動きを補助・調整しています。

　まず最初に深層筋が伸縮し、浅層筋が連動しながら伸縮してからだが動きます。ですから、深層筋に

コリや痛みがあると、協調している浅層筋の動きも悪くなり、動作による衝撃から骨格を守れなくなって、骨のゆがみや関節の不具合が生じます。骨格のゆがみは、内臓の位置にも関わってきます。

　からだの不調の多くは、動作の始点となる深層筋のコリや衰えが原因のひとつといえます。

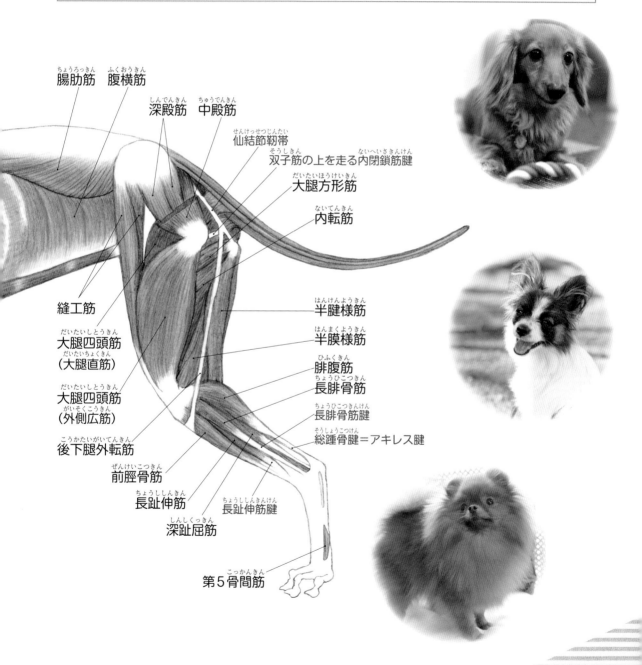

腸肋筋
ちょうろっきん

腹横筋
ふくおうきん

深殿筋
しんでんきん

中殿筋
ちゅうでんきん

仙結節靭帯
せんけっせつじんたい

双子筋の上を走る内閉鎖筋腱
そうしきん　　　　　ないへいさきんけん

大腿方形筋
だいたいほうけいきん

内転筋
ないてんきん

縫工筋
ほうこうきん

大腿四頭筋
だいたいしとうきん
（大腿直筋）
だいたいちょくきん

大腿四頭筋
だいたいしとうきん
（外側広筋）
がいそくこうきん

後下腿外転筋
こうかたいがいてんきん

前脛骨筋
ぜんけいこつきん

長趾伸筋
ちょうししんきん

長趾伸筋腱
ちょうししんきんけん

深趾屈筋
しんしくっきん

第5骨間筋
こっかんきん

半腱様筋
はんけんようきん

半膜様筋
はんまくようきん

腓腹筋
ひふくきん

長腓骨筋
ちょうひこつきん

長腓骨筋腱
ちょうひこつきんけん

総踵骨腱＝アキレス腱
そうしょうこつけん

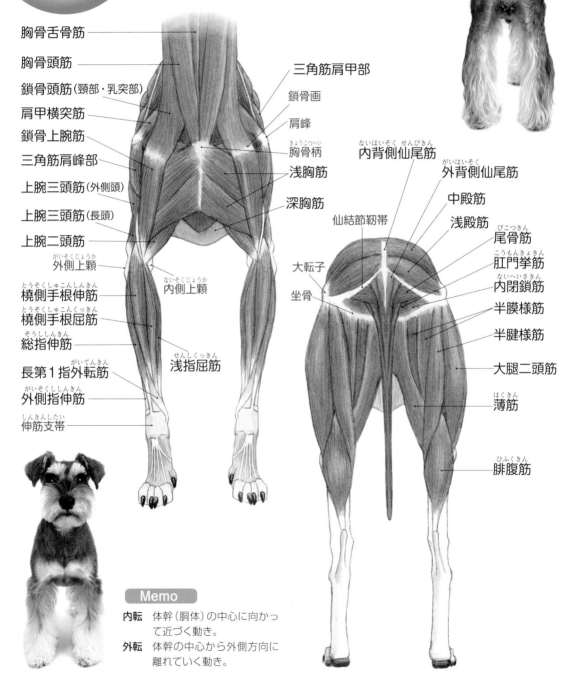

からだのしくみ⑤

前面・後面 主要な筋肉

前面と後面の主な浅層の筋肉です。
前面から見ると、鎖骨のない犬の場合、肩甲骨と腕の骨が首と肩の筋肉でつりさげられ、上半身を首と肩で支えているのがよくわかります。

胸骨舌骨筋

胸骨頭筋

鎖骨頭筋(頸部・乳突部)

肩甲横突筋

鎖骨上腕筋

三角筋肩峰部

上腕三頭筋(外側頭)

上腕三頭筋(長頭)

上腕二頭筋

外側上顆
がいそくじょうか

橈側手根伸筋
とうそくしゅこんしんきん

橈側手根屈筋
とうそくしゅこんくっきん

総指伸筋
そうししんきん

長第1指外転筋
がいてんきん

外側指伸筋
がいそくししんきん

伸筋支帯
しんきんしたい

三角筋肩甲部

鎖骨画

肩峰

胸骨柄
きょうこつへい

浅胸筋

深胸筋

内側上顆
ないそくじょうか

浅指屈筋
せんしくっきん

内背側仙尾筋
ないはいそく せんびきん

外背側仙尾筋
がいはいそく

中殿筋

浅殿筋

尾骨筋
びこつきん

肛門挙筋
こうもんきょきん

内閉鎖筋
ないへいさきん

半膜様筋

半腱様筋

大腿二頭筋

薄筋
はくきん

腓腹筋
ひふくきん

仙結節靭帯

大転子

坐骨

Memo

内転 体幹(胴体)の中心に向かって近づく動き。

外転 体幹の中心から外側方向に離れていく動き。

COLUMN

体形によって、からだのトラブルはさまざま

ダックスフントの椎間板ヘルニアの発症率は、他犬種に比べて約2.5倍という調査結果があります*1。このダックスフントなどに代表される「軟骨異栄養性犬種」と呼ばれる犬種*2は、軟骨形成に異常をきたしやすいからだの構造をしています。ドワーフ型の犬種にその傾向が多く、胴長短足の体形の特徴が脊椎への負担をかけ、若いころから椎間板がもろくなりがちなのです。ジャンプしてはしゃいだり吠えたりする行動の傾向も椎間板への負担をかけています。

背骨のトラブルや脊椎神経の異常で後躯に痛みをかかえている犬は、異常が出ている部分の周りの筋肉が硬くなる傾向があり、痛みをかばって前肢や肩、胸、肋骨の脇の筋肉も硬くなります。ドワーフ型の犬はもともとそれらのパーツがこりやすいため、後躯にトラブルが出てくるとさらに筋肉がこり固まって可動域を狭くしてしまいます。

背骨や脊椎神経のトラブルはこのほか、椎骨の亜脱臼、変形性脊椎症、馬尾症候群、椎間板ヘルニアと誤診されやすい変性性脊椎症（ウェルシュコーギーやジャーマンシェパードの遺伝病）、繊維軟骨塞栓症（ミニチュアシュナウザーに多い）などがあります。体形に限らず、肥満や加齢、運動不足による筋力低下などでも起こりやすくなります。

❸ハーディングタイプ（牧羊犬）のウェルシュコーギーは、短時間であれば大型犬に匹敵する激しい動きをしますが、変性性脊椎症にかかりやすいです。

❶ブルドッグは育種により大きく体形が変わった犬種のひとつで、18世紀闘犬に使われていた時代は鼻や足は長く、噛みつく力と俊敏さをもっていました。現在の体形になってからは膝蓋骨や肩関節、頚椎、肘、股関節などにトラブルを生じやすくなっています。
❷ドワーフ型のバセットハウンドはもとは猟犬なのでスタミナがありますが、椎間板ヘルニアなどにかかりやすい傾向があります。

❹ワイマラナーは19世紀初頭、ドイツ・ヴァイマルの貴族によって作出され秘蔵された大型の狩猟犬です。現代でも登録は厳格に管理され、外見と狩猟能力の維持が図られています。
細く長い四肢の犬種は腰や背部が硬くなりやすく、四肢の筋肉も張りやすい傾向があります。

*1 アニコム家庭動物コラムVol.22 https://www.anicom-page.com/hakusho/column/pdf/110331_01.pdf
*2 ダックスフント（ミニチュア-ダックスフント）、ビーグル、シーズー、アメリカンコッカースパニエル、ウェルシュコーギー、フレンチブルドッグ、ペキニーズ

●メンテナンス ドッグマッサージの基礎知識②
マッサージの目印
犬のランドマークを覚えよう

からだに触れて構造を確かめるときの指標「ランドマーク」

　マッサージをするとき、手を使って骨や筋肉、腱を探しますが、そのときの地図の道しるべに当たるからだの指標が役立ちます。筋肉が付着している骨の隆起や凹み、かど（稜）をランドマークとして知っておくことが大切です。

ランドマーク

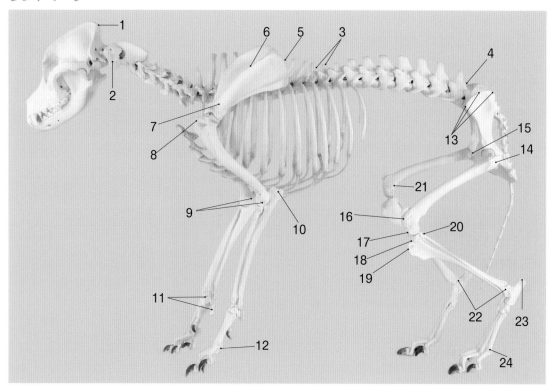

頭蓋〜脊椎のランドマーク

1. 項稜（こうりょう）	頭蓋骨の尾側遠位端・背側に触れる頭蓋骨のかど
2. 環椎翼（かんついよく）（第1頸椎の横突起）	項稜の尾側すぐ。棘突起の左右に大きく触れる骨

　★ランドマークの詳しい解説はP82を参照してください。

3. 第10・11胸椎棘突起の間	頭蓋から尾側に棘突起を触れていき、大きく凹んだ部分 最後肋骨に沿って背側に触れていき、脊椎に到達したところ
4. 腰仙椎移行部（第7腰椎〜第1仙椎）	両側の腸骨稜を結ぶ線から指1本分尾側にある凹み

前肢・肩甲帯のランドマーク

5. 肩甲骨背縁	肩甲骨の骨をかたどるように触れる背側の端
6. 肩甲棘	肩甲骨を2分するように走る棘状の突起
7. 肩峰	肩甲棘の腹側端に触れる突起
8. 上腕骨大結節	上腕骨の近位端、頭側に触れる突起
9. 内側上顆・外側上顆	上腕骨の骨体に沿って遠位に移動し、肘関節上の内外側に触れる突起
10. 肘頭	肘関節の尾側にあるつまむことができる大きな突起
11. 茎状突起（橈骨・尺骨）	肘関節から前腕に沿って手根関節に移動し、内外側に触れる突起。肘頭から連続しているのが尺骨（小指側）、肘頭がないのが橈骨（狼爪側）
12. 中手指節関節	手根骨より遠位。手背側を指の腹でこすると並んでいるのに触れることができる

後肢・骨盤帯のランドマーク

13. 腸骨稜	腸骨の前側の背側端を前背側腸骨棘、腹側端を後腹側腸骨棘、両棘を結ぶ線を腸骨稜という
14. 大腿骨大転子	坐骨結節から前外側に移動し、触れることができる大きな突起（大腿骨を外転すると大転子は触れなくなり、内転させると突出する）
15. 大腿骨小転子	腹側面の、仰向けもしくは横向きに寝て足を上げたときに触れる寛骨臼とのジョイント部分付近の米粒〜豆粒大の骨
16. 膝蓋骨	膝関節の頭側に位置する楕円形の小さな骨
17. 膝蓋腱	膝蓋骨の直下に位置する腱（押すと弾力がある軟部組織に触れる）
18. 脛骨粗面（前側）	脛骨上部の少し平らになっている膝下の部分
19. 脛骨粗面（稜）	膝蓋腱の直下、脛骨の前面近位に長軸に突出する骨部分
20. 腓骨頭	外側面。膝下にある腓骨の近位端
21. 腓腹筋種子骨	膝関節の尾側大腿骨の内外側に位置
22. 内果・外果	下腿骨に沿って遠位に移動する。足根関節の内外側に触れる突起（内くるぶし・外くるぶし）
23. 踵骨	足根関節の尾側に位置するつまむことのできる骨（かかとの骨）
24. 中足趾節関節	足根関節の遠位、指を曲げて足背を指の腹でこすると細かい骨が並んでいるのに触れることができる

● メンテナンス ドッグマッサージの基礎知識③
からだとコリのメカニズム

ガチガチのコリをほおっておくと、こんな危険が

　ヒトの肩や首、下半身のコリなどと同様、犬も「たかが肩コリ」とあなどっていると思いがけない病気を引き起こすことがあります。

　筋肉が何かしらの原因で硬くなり、関節が動かなくなることを拘縮（こうしゅく）といい、関節部を包む関節包と、関節を構成する軟部組織（血管や筋組織、神経組織など）が変化し、可動域が狭まっている状態です。通常、ケガや病気による麻痺、長期入院、加齢などによってからだを動かせない状態が長く続くことで起こります。

　同じことが、生活習慣やコリによって良くない姿勢を続けることでも起きるのです。重心の位置が長期間ずれることで、本来体重を支える部位以外のところに余計な負担がかかり、拘縮やゆがみが生じるケースが増えています。また、こうした症状は心臓病などの内臓疾患のサインや、関節や神経の症状の前触れとして現れることもあります。

頑固なコリによって起きる主な症状・病気

頭・首・肩周辺のコリ

●頭痛

　肩や首の重度のコリは、頭部周辺の筋肉の緊張や頭部の血管の拡張などを引き起こし、ヒトの頭痛と同じ現象が起きています。

●聴力の低下

　ヒトと同じく、首の筋肉と耳の筋肉がつながっているため、首のコリの緊張が聴力の低下を招くことがあります。

　ブラインドドッグ（目が不自由な犬）や音に敏感で耳をよく動かす犬、リードを引っ張って散歩する犬は、首の筋肉と耳を動かす筋肉がこりやすいので特に要注意です。

●視力の低下・表情の減退

　加齢に多い目の疲れやかすみは、耳を動かす筋肉・肩・頸のコリが原因となることもあります。頸部の頑固なコリで眼球が動きづらくなり、表情が乏しくなることもあります。脳神経の障害や疾患の場合もあるので、動物病院での受診が必要です。疲れ目から腰痛やしっぽの痛みを抱えている犬も増えています。

●逆くしゃみ

　気管虚脱と症状が間違われやすい逆くしゃみ症候群。愛犬が「フガっ！フガっ！」と鼻を鳴ら

　★イメージ画像は「健康な犬」として掲載しています。

また、リードの引っ張り癖や、警戒心が強い・緊張しやすい・怯えやすいなどの気性から、絶えずみぞおちに力を入れている犬は、首・肩がこりやすく、吐き気をもよおしやすい傾向があります。

●めまい

めまいは犬の神経性の病気「突発性前庭疾患」の症状で、中期～シニア期に多く見られます。

疾患が進行すると、首の筋肉が収縮し、首が曲がる「捻転斜頸（ねんてんしゃけい）」が起きやすくなります。捻転斜頸は若いうちから頸部の筋肉をほぐし、頭を動かしやすくしておくことで予防できる可能性があります。

背・下腿・四肢のコリ

●背骨のゆがみ

コリや関節の痛みをかばって不適切な姿勢を続けると、背骨にゆがみが生じます。正しい姿

したり、ガーガーという音を発する症状で、小型犬に多く見られます。リードの引っ張り癖によって、前頸部の筋肉がガチガチにこってしまうことで起きている可能性があります。

●気管虚脱

気管がつぶれることで起き、ガチョウの鳴き声のような「ガー、ガー」という音を発するのが特徴です。逆くしゃみ症候群同様、前頸部の筋肉のコリをほぐすことで咳き込みの症状を改善できる可能性があります。

●心臓病

肩コリが心臓病の初期の症状として現れることがあります。右側と比べて左側の肩の関節の周り・肋骨・肩甲骨付近の筋肉が硬くなっているようなら、心臓病に要注意です。

●吐き気

ヒトと同様、頭と首の付け根にコリがあると、下を向いたときに吐き気が起きやすくなります。

勢を取れなくなっていき、頭蓋骨と脳の間や背骨と脊椎神経の周りなどを循環している体液（脳脊髄液）の流れが滞ります。その結果、神経伝達のトラブル、疲労感、ホルモンバランスの乱れが起こり、老廃物を外に出しにくくなるため皮膚病にかかりやすくなるなど、からだの機能全体の低下につながりやすくなります。

●猫背

猫背はトイプードルなど、緊張しやすく体に力を入れている犬に多く、コリだけでなく、椎間板ヘルニア（背骨と背骨の間にあるクッションの役割を果たす椎間板が飛び出る）、変形性脊椎症（主に老化により背骨に異常が出る）、馬尾症候群（しっぽのヘルニアとも呼ばれる）などの症状も出やすくなります。

前肢や後肢の震えが出ている、排便に時間がかかる、おしっこがポタポタ垂れるようになるなどの症状が出てきたら、早めに動物病院を受診しましょう。

●つまずき・転倒

シニア犬になるほど、四肢の指の関節が硬くなります。肉球の凹みや爪の削れ方に不均衡が生じてしっかり地面をつかめなくなるため、方向転換がしにくくなったり、つまずきや転倒が起きやすくなったりします。

●ナックリング、ナックルオーバー

ナックリングは、足裏をつけることができずに、足の甲で立ってしまう症状です。前肢や後肢を動かす神経の障害が原因ですが、特に疾患がなくても、加齢による足腰の筋力の減少、腰痛などでも起きやすくなります。

ナックルオーバーは、かかと（飛節）が前に倒れすぎて、後肢が直立ぎみになる症状です。痛い方の足をかばい、逆の足に体重をかけすぎて起きることが原因のひとつです。（☞P11,12）

●触られるのを嫌がる・気性が荒くなる

全身の筋肉が硬くなっていると、「痛い」「くすぐったい」という違和感を感じやすくなります。思うように体を動かせずにイライラしやすくなり、威嚇や自己防衛から吠えたり噛みついたりという行動に出やすくなります。性格がハッキリしている犬ほど、逃げる、吠える、噛む、体をブルブル振るなどの態度に現れます。

洋服やハーネスを見ただけで逃げるようになったり、脱着を嫌がったりする傾向があれば、胸部、頸部、腕の筋肉のコリのせいの可能性がとても高いです。

　★イメージ画像は「健康な犬」として掲載しています。

STEP2

メンテナンス ドッグマッサージ
基本編

楽な姿勢でリラックス

【目的】 ・からだと気分を落ち着かせる
・体形や体高、状態に合わせてマッサージの体勢を工夫する

はじめてのマッサージはどの子も緊張します

　マッサージ初体験の場合は、こわがりさんでなくても緊張します。愛犬の状態をよく見て、耳を寝かせたり、しっぽを下げたりしているようなら、声かけやおやつでリラックスさせてあげましょう。

プレ・マッサージで全身をほぐす

A 全身のストローク

声をかけながら抱き上げて、膝に乗せてみましょう。

両掌で背中とお腹を軽くはさむと落ち着きます。後頭部から腰にかけて、掌を離さずにゆっくりなでて、体に触られることに慣れさせます。

POINT

- マッサージを行う前に、指輪やブレスレット、時計ははずします。
- 犬も人も爪を切っておきましょう。
- 犬のからだを無理やり動かさない。
- 持病のある犬は獣医師に相談してからおこないましょう。

「ゆっくり」は、リラックスしているときの犬の鼓動の速度が目安です。

手の甲で、肩口から足先へ向けてゆっくりなでるのも効果的です。

★P57「ドッグマッサージQ&A」も併せてお読みください。

B 前肢、後肢の順にストローク

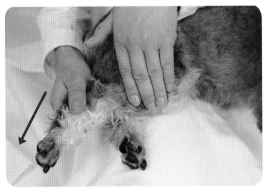

片方の掌を腿(or肩)に密着させ、もう一方の手で後肢(or前肢)を包み込むように持ち、付け根から先に向けてさすります。掌を当てて、さするのもOK。

C しっぽのストレッチ

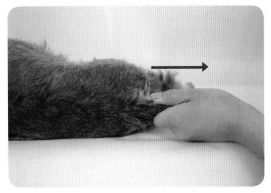

しっぽを片手で包むようにつかみ、根元からやさしく引っ張ります。そのまま先端から先へ、すっと手を抜きます。[POINT] 短いしっぽの犬は、長い尾をイメージして行うと効果的です。

一度経験したら
忘れられない
コノ気持ち良さ！

リラックスすると
こんな顔。

マッサージの体勢にひと工夫

●背中や腰のマッサージのとき、犬によっては伏せよりもスタンドの姿勢が落ち着きます。体高に合わせて筒状に巻いたバスタオルをお腹の下にあてがったり、7Kg以上ならエクササイズ用のピーナッツ型のバランスボールなども使えます。愛犬の背や腰に負担がかからない高さを工夫してください。

バスタオルや枕で
高さ調節するのも
OK！

バランスボールの空気
の量を調節して、体高
に合わせましょう。

マッサージ効果を
最大に引き出すポイント

【目的】 ・からだのチェック、マッサージの基本テクニック

可動域をチェック

　コリがなく筋肉が柔軟にほぐれていると、力を入れずに皮膚を引っ張ることができます。▶

　四足歩行の犬の場合、疲労が溜まりやすいのは、首・肩・前肢・胸・腰・股関節まわり・膝です。犬種や個体差もありますが、こっている部分があるかどうかは、それぞれの箇所の関節の可動域のチェックでおよそのことがわかります。

A 首のチェック

お座りの体勢で口を閉じさせたまま、首を後ろへゆっくり反らせてみましょう。アゴの下側が垂直以上に反らせない場合は、首の筋肉が硬い可能性が大です。

B 四肢・股関節などのチェック

❶ 腿の上に仰向けに抱いてリラックスさせたとき、前肢と後肢の膝から先がだらんとまっすぐに伸びるようなら、肩関節・胸・首・足首・足先の柔軟度は完璧です。

❷ 後肢をゆっくり開いたとき、無理なく開脚できれば、股関節も柔らかです。

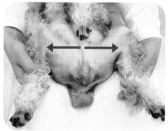

❸ 寝かせた状態で膝をまっすぐ伸ばし、そのまま後ろへ反らすことができれば、腰・お尻・膝が柔らかい証拠です。

筋肉がゆるむための４つの条件

　コリがほぐれるには条件があり、それほど強い力でないほうが素早くほぐれ、犬の負担も少なくてすみます。筋肉がゆるむための条件は、圧・面積・方向・時間の４つです。

圧　犬種に関わらず、500g以下の圧力で。

面積　指先で、スマートフォンのスタイラスペン（タッチペン）くらいの直径で患部に当てます。

方向　筋肉の繊維に対して垂直に指を当てます。

時間　「2秒に1回×3」を1セットで、痛むところを押さえたりはさんだりします。

「500g以下」と「200g」の指の圧を覚えましょう

●マッサージの基本の圧は「500g以下」です。部位によっては200gという軽いタッチも使います。痛い場所を力づくで押されたり揉まれたりすると、からだに余分な力が入って筋肉がほぐれにくくなったり、 筋肉に傷がついて痛みが増す「もみ返し」も起きたりします。愛犬の様子をよく観察して、気持ちがいい「ベストな圧」を見つけましょう。

●電子スケールの目盛りが500gになるまで人差し指で押してみましょう。意外に強い力が要ることがわかります。

●水を入れた500mlのペットボトルを親指と人差し指で水平に持つとき、添えている人差し指にかかる圧は200g前後です。

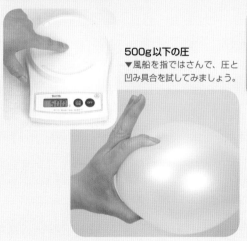

500g以下の圧
▼風船を指ではさんで、圧と凹み具合を試してみましょう。

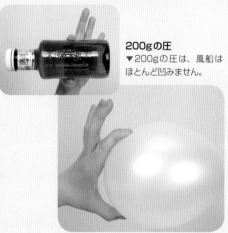

200gの圧
▼200gの圧は、風船はほとんど凹みません。

内転筋ポチッとマッサージ

【目的】　・体幹を維持し、立ち姿勢の安定を高める
　　　　　・膝、股関節、背骨のトラブルの予防
　　　　　・加齢による歩行障害の予防、進行の防止

内転筋マッサージで柔軟なからだ作りを

　内転筋は後肢の深層の筋肉で、後肢を体の正中線に近づける働きをします。内転筋が弱ってくると、歩行や立ち姿勢が安定せず、歩行障害につながります。また、オスワリの姿勢の時に、膝が開いてしまったり、歩行時につま先が内側に入ってしまったりするなどの原因にもなります。

左後肢内側／浅層の筋肉　　　　　　　　左後肢内側／深層の筋肉

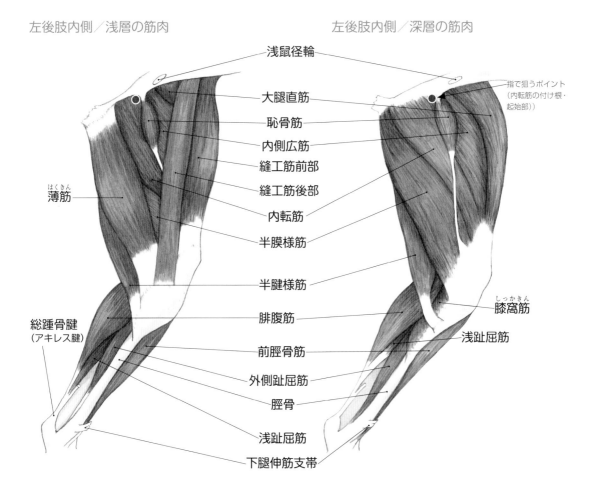

浅鼠径輪

大腿直筋

恥骨筋

内側広筋

縫工筋前部

縫工筋後部

内転筋

半膜様筋

半腱様筋

腓腹筋

前脛骨筋

外側趾屈筋

脛骨

浅趾屈筋

下腿伸筋支帯

薄筋（はくきん）

総踵骨腱（アキレス腱）

指で狙うポイント（内転筋の付け根・起始部）

膝窩筋（しっかきん）

浅趾屈筋

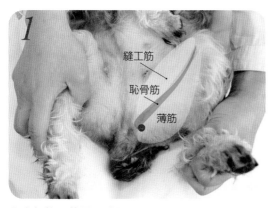

縫工筋

恥骨筋

薄筋

●内転筋の位置を確認

頭側にある2つの縫工筋の盛り上がりと、尾側にある薄筋の盛り上がりを確認し、その真ん中にある細い恥骨筋をみつけます。内転筋は恥骨筋と薄筋の谷間のくぼみの、やや尾側にあります。【POINT】よく走る犬は薄筋がとても発達していて谷間がわかりにくい場合があります。

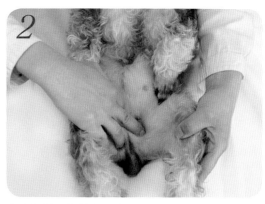

●内転筋の起始部に指を置く

恥骨の内転筋の起始部に指を添えます（●）。
【POINT】主に股関節の動きを改善し、連動して動く筋肉全般の働きも良くします。

●内転筋の恥骨の起始部に指を添え、軽く弾みをつけて膝を内側へ倒します

【POINT】パタッと扉を閉じるイメージです。痛いので、筋肉が硬くなって刺激が強すぎる場合は、力をゆるめ、長めにじわっと押さえる感じでもOKです。

●股関節を内側と外側にゆっくり5回ずつ回す

股関節に軽く指を添え、膝を軽くもってゆっくり回します。時計回り・反時計回り5回ずつ行います。
【POINT】膝蓋骨脱臼や股関節の脱臼がある場合は、担当の獣医師に相談の上、行いましょう。

こんな犬におすすめ

- フローリングなど滑りやすい床で暮らす犬。
- 椎間板ヘルニアに気をつけたほうが良い犬種、そうアドバイスを受けている犬。
- 老化などで背骨の変形や歪みがある犬、または気をつけたほうが良い犬。
- 股関節や膝蓋骨に脱臼があり、自宅ケアの必要がある犬、またはその予防。
- 後肢が弱って踏ん張りがきかず、まっすぐ立てなくなってきた犬。

習慣にしたい内転筋マッサージ

　内転筋が硬くなると、腸腰筋とつながる背骨、股関節、膝関節に負担がかかり、背から腰、膝に痛みを引き起こすだけでなく、内転筋に力を入れて立つようになるので、内股にも痛みが出やすくなります。愛犬の健康なからだ作りのためにも、できれば毎日、少なくとも週に2〜3回は習慣にしたい基本のマッサージです。

仰向けができない・嫌いな犬の場合

　仰向けができないときは、立たせたまま、もしくは伏せの姿勢で行います。内転筋を押す方向がそれぞれ違ってくるので、注意しましょう。

●立って行う場合

❶ 腰と後肢に手を添えて立たせ、内腿に手を入れ、内転筋の恥骨起始部を探ります。

❷ クイッと1秒天に向かって押します。やりにくい場合は、斜め上にポチッとボタンを押すイメージで押すと良いでしょう。

●伏せで行う場合

❶ マッサージする後肢が上になっているとき → ▶恥骨起始部に向かって斜め上方向に押します。

❷ マッサージする後肢が下になっているとき → ▶恥骨起始部に向かって斜め下方向に押します。

恥骨のきわを矢印に向かって押す

[POINT] 膝にトラブルがある犬は、後肢の内腿の筋肉に力を入れて歩くため、内転筋のマッサージに加えて、後肢内側の筋肉全体をほぐすと改善されることが多いです（☞P37）。

ワンちゃんたちに起こること

気持ちが良すぎてうっとり...

からだの痛みが取れて、気持ちがリラックス……どのコもみんなついうとうとします。

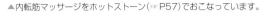

▲内転筋マッサージをホットストーン（☞P57）でおこなっています。

股関節と背骨の動きを良くする 後肢帯筋のマッサージ

【目的】 ・膝関節、股関節、背骨の動きを良くする

膝のマッサージとセットで

　66ページの膝のマッサージとセットで行うことで、歩行時に後肢が大きく動かせるようになります。後肢帯筋は腰椎に起始する筋肉で、骨盤の腸骨に停止する「腰方形筋」、股関節に停止する「大腰筋・腸骨筋」、恥骨に停止する「小腰筋」の4つを指します。

　後肢帯筋が緊張すると、股関節の動きが制限されて歩幅が狭くなり、膝関節の負担が増します。また、腰椎に連結して働く背側の筋肉の動きも制限されるため、背骨のトラブルが起きやすくなるほか、動きの悪い後肢を前肢や首でかばって歩行するため、肩や胸、肘、首の痛みが出ることもあります。

後肢帯筋　右後肢・腹側面

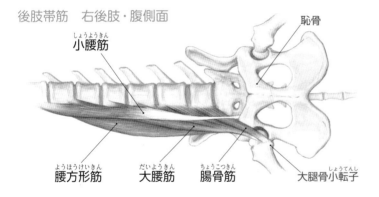

恥骨

小腰筋
（しょうようきん）

腰方形筋（ようほうけいきん）　大腰筋（だいようきん）　腸骨筋（ちょうこつきん）　大腿骨小転子（しょうてんし）

●小腰筋は、四足歩行の犬や猫にとって骨盤と腰椎をつなぐ大切な歩行筋です。二足歩行ではほとんど使わないため、ヒトでは約60%の人にはないといわれます。

　マッサージで小腰筋がゆるむと、途端に後肢の歩幅（ストライド）が大きくなり、スムーズに動かせるようになります。

こんな犬におすすめ

- 腰椎や胸椎の10〜13番に亜脱臼があると診断された犬。
- 椎間板ヘルニアを患ったことがある犬、またはそのリスクのある犬。
- 変形性脊椎症などの背骨の変形や歪み（猫背）がある犬。
- 股関節や膝蓋骨に脱臼があり、自宅ケアの必要がある犬、またはその予防。
- フローリングなど滑りやすい床で暮らしている犬。
- 歩幅が狭く、トボトボと歩く犬。
- 後肢をからだからはみ出して歩く犬。
- からだを斜めにして歩く（クラビング）犬。
- すぐにお座りしたがる犬。

骨盤のゆがみは肩コリ・腰痛のもと

骨盤にゆがみがあると姿勢が崩れ、筋肉がこわばって血流が悪くなるため、肩コリや腰痛の原因になりがちです。骨盤の位置が左右で異なる場合には、後肢帯筋のマッサージを試してみてください。

1.骨盤の上辺を探します

両手の親指を背骨の両脇に当て、肩甲骨下縁から骨盤（腸骨稜●）にぶつかるところまで、スライドさせます。

2.高さが水平ならOK

左右の親指の位置と高さが揃っていればOK。位置や高さが異なる場合、骨盤のゆがみがあると考えられます。

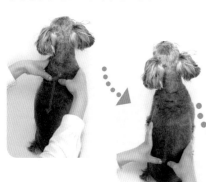
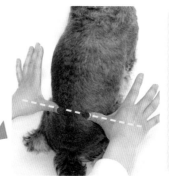
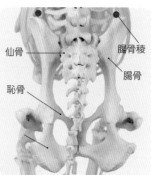

仙骨　腸骨稜　腸骨　恥骨

幸せすぎて
こんな顔。。。

POINT

メンテナンスドッグマッサージの効果
からだの中で起きていること

他の組織に癒着を起こしている筋肉をはがす

　他の筋肉や組織に癒着を起こして関節の可動域が狭くなっている場合は、癒着している部分をゆっくりとはがして、自由な動きを取り戻せるようにします。

　ただし、肉離れのように筋肉の組織に傷がついている状態のときには、状態が悪化しますのでマッサージを避けてください。

痛みが緩和される

　酸素の供給と血液循環が改善され、筋肉に痛みを引き起こしている物質が排出されやすくなります。また、

マッサージで生じた神経の電気インパルスが、脊髄にある痛みをコントロールする関門を経由することで、脳に痛みが伝わりにくくなるといわれています。

　さらに、モルヒネの6.5倍の鎮痛作用がある脳内麻薬「エンドルフィン」が分泌されるので痛みを感じにくくなります。

関節の可動域が広がる

　痛みがでて使わなくなったために動きが悪くなった関節の周りにある、硬くなってしまった筋肉をほぐすことで関節の可動域が広くなります。

正しい姿勢になり、パフォーマンス力アップ

●大腿骨小転子をくるくるマッサージ

❶ 内腿にある縫工筋と薄筋の間の谷間を探します（☞P35内転筋マッサージ1）。

❷ 谷間の中央部にあるスジばった筋肉（恥骨筋）を指で探り当てます。

❸ 恥骨筋の恥骨の付着部に指を当て、頭側へ指をわずかにずらすと、大腿骨の小転子に触れます▶米粒大〜小豆大の骨のでっぱりです。

❹ そのあたりを指でくるくるなぞるように刺激して、後肢帯筋をゆるめます。

後肢帯筋がゆるまないとき・小転子がわかりにくいとき

●手刀でマッサージ

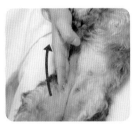

大腿骨への付着部（停止部）、恥骨への付着部それぞれを、手の小指側の側面（手刀）でゆっくり往復してマッサージします。

●膝の屈伸

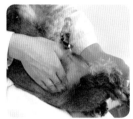

後肢帯筋の付着部を軽く押さえながら、2秒に1回のスピードで3回、膝の屈伸をします。
【POINT】筋肉が張っている部分に手を止めて、軽く押すトリガーポイントリリースも効果的です（☞P89）。

　痛みが取り除かれ、関節の可動域が広くなると、正しい姿勢になります。痛みをかばうことによる良くない姿勢によって起こる〝痛みの連鎖〟を断ち切り、こりにくいからだ作りができます。動きが以前より俊敏でなくなっている犬やアスリート犬のパフォーマンス力の向上も期待でき、アスリート犬の場合はケガの予防や競技生活を長く続けるのにも役立ちます。

深部感覚（固有受容感覚）の反射が高まる

　脳は、からだの各部の位置や運動の状態、からだに加わる抵抗や重さなどを関節・筋肉・腱の動きによって感知すると、からだのさまざまな部分の位置や動き、関節の曲がり具合や筋肉の力の入れ具合などを、無意識に瞬時に決定しています。これを〝固有受容感覚〟といいます。

　メンテナンスドッグマッサージは、この固有受容感覚の反射が高まるので、次に起こすアクションがスムーズになり、からだのバランスを保つのに役立ちます。特にシニア犬・アスリート犬・リハビリが必要な犬に効果的です。

　運動前に行えばウォーミングアップになり、運動後に行うと筋肉疲労や筋肉痛の緩和も助けます。

ストレスが減り、犬もヒトも幸せに

　痛いところがあると、「思うように動かせない」「触られるのが嫌」というストレスを感じます。筋肉をゆるめると、どこを触っても怒らなくなり、穏やかな犬になることが多いです。

　脳内からハッピーな気分になる神経伝達物質（エンドルフィンやセロトニン）や飼い主さんとの絆を深めるホルモン（オキシトシン）も出るので、犬もヒトも幸せな関係になります。

● 正しい姿勢と歩行を保つ基本のマッサージ③

つま先のマッサージ

【目的】 ・歩行や駆け足で疲れの溜まりやすいつま先をほぐす
・膝、股関節、背骨のトラブル予防の効果

内転筋マッサージとセットで

　内転筋マッサージとあわせて行いたいのが、指（前肢・後肢）のマッサージです。四肢の指が自由に動くと、前足首、足裏の筋肉からふくらはぎ、脛や足首の筋肉も動かしやすくなります。また、連動して動く太腿や膝・背骨周りの筋肉がゆるむきっかけにもなり、全身のさまざまなトラブルの予防と悪化の防止になります。前後のバランスを取るため、四肢のつま先すべてを行うのがおすすめです。

掌側の浅層の筋肉・前肢左

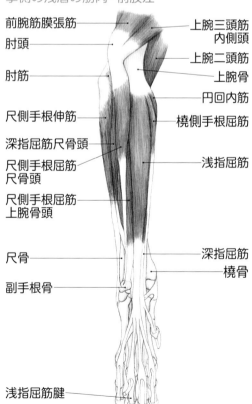

前腕筋膜張筋
肘頭
肘筋
尺側手根伸筋
深指屈筋尺骨頭
尺側手根屈筋尺骨頭
尺側手根屈筋上腕骨頭
尺骨
副手根骨
浅指屈筋腱
深指屈筋腱を切断

上腕三頭筋内側頭
上腕二頭筋
上腕骨
円回内筋
橈側手根屈筋
浅指屈筋
深指屈筋
橈骨

掌側・前肢左　　　背側・前肢左

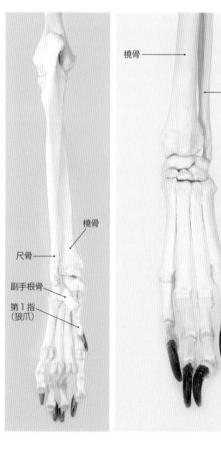

橈骨
尺骨
手根骨
中手骨
指骨
・基節骨
・中節骨
・末節骨

橈骨
尺骨
副手根骨
第1指（狼爪）

手指（足指）には、3つの関節とそれを動かす筋肉と腱があり、腱は脛の筋肉につながっています。動かしにくい場合は、筋肉や腱にトリガーポイントやコリ、拘縮があります（☞ P78-80）。

1

●つま先チェック

指を1本ずつ軽く引っ張ってみましょう。
[POINT] とくに異常がないのに嫌がって足を引っ込めるという場合は、関節が硬くなって動きが良くないことがあります。

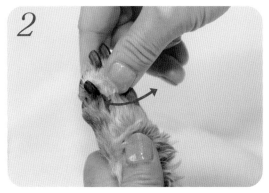

2

●チェックを兼ねて、つま先ひねり

中足骨（前肢は中手骨）を親指で固定して、指先を軽く左右にひねります。ひねりにくい方向を多めにひねります。
[POINT] 開張肢やO脚、X脚などで指や肉球の変形がある場合、曲がりが軽減できます。カチッと音がした場合は、正常な位置にはまった合図です。

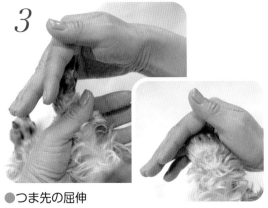

3

●つま先の屈伸

足首を持ち、おにぎりを握るイメージで掌をつま先（肉球部分）に当て、反らせたり曲げたりゆっくり屈伸させます。[POINT] 指先に触られるのを嫌がる犬に効果的。

4

●指を1本ずつウェーブを描くように動かす

中足骨（前肢は中手骨）を親指で固定して、指の関節を動かします。[POINT] 3つの関節が柔軟に動くかチェックします。

▼つま先マッサージ前（右）と後（左）

こんな犬におすすめ

- フローリングなど滑りやすい床で暮らしている犬。
- 脚力が弱った犬、足首が曲がりにくくなってきた犬。
- アスリート犬やシニア犬を中心に、よく走る犬。クイックで方向転換できなくなっている犬。
- 膝を曲げずに歩く犬、または曲げたまま歩く犬。

しっぽのマッサージ

【目的】　・動きの多い尾のマッサージで、四肢、腰、背中のコリをほぐす
　　　　　・断尾している犬のケア

しっぽは背骨の一部

　犬にとって尾は背骨とつながる大切なパーツです。しっかりチェックしてほぐし、自在に動かせるようにしてあげましょう。尾は感情の表現手段のほか、からだのバランスと方向をコントロールする「舵」の役目をもち、次の動作へ移るときのスターターとギアチェンジの役割も果たします。しっぽのマッサージは、四肢・腰などの他の部位に負担がかかるのを防ぎ、仙骨まわりの筋肉のコリによる腰痛や後肢の震えなどにも効果が期待できます。また、犬の不安を軽減する効果もあります。

●チェックしながらマッサージ

尾には3〜23個の骨でできている関節があります。先端から1つずつ関節を動かして、動きが良くない箇所や変形がないか、さわると痛がるところがないかをチェックしてみましょう。

[POINT] 短い尾の場合は、指先で挟んで細かく動かします。動きが悪いところは動きが良くなるまで続けます。

●ドアノブのように回したり、上下左右に動かす

[POINT] 長い尾の場合は尾を両手で持ち、付け根側の手を固定して、先端側の手を動かします。

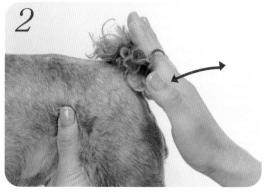

●しっぽの先を軽くトントン

尾骨の先端を掌でごく軽く数回たたきます。長い尾の場合は背骨に対して水平に尾をピン！と伸ばして行います。

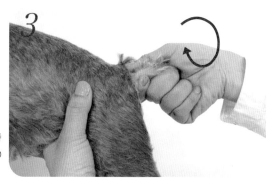

尾筋

背側仙尾筋（外側・内側）→尾を上げる・振る　はいそくせんびきん
尾横突間筋→尾を振る　びおうとつかんきん
腹側仙尾筋（外側・内側）→尾を下げる　ふくそくせんびきん
肛門挙筋 →尾を振る・下げる・排便時に便を切る　こうもんきょきん
尾骨筋→尾を振る・後肢の間に尾を入れる　びこつきん

中殿筋
浅殿筋

仙骨
尾椎

しっぽの動きが悪いときのマッサージ

　尾が上がりにくい、振りにくいときは、尾の筋肉の各部位をマッサージします。やや上級者向けのテクニックですが是非参考にしてください。

　しばしば尾を股の間に入れてしまう臆病な性格の犬は、1.〜4.をゆっくりていねいに行います。

こんな犬におすすめ

- 手で動かしても、しなやかに尾の関節が動かない犬。
- 過去に尾をぶつけて曲がったり歪んでいたりして変形を起こしている犬。
- 断尾している犬。　だんび
- 排便のポーズをとってから排便までに時間がかかる犬。

●尾を触ると痛がる場合には、馬尾症候群などの神経障害や骨折がある場合があります。マッサージは獣医師のチェックを受けてから行いましょう

●尾の短い犬は、尾の代わりに後肢でブレーキをかけるため、大腿部の筋肉やお尻の筋肉がこりやすく、坐骨と肛門の間から骨盤の奥に触れる筋肉（内閉鎖筋）もとても硬くなる傾向があります。

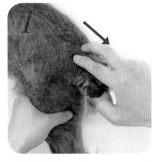

●外背側仙尾筋のマッサージ
指で仙骨の両側をはさみ、尾の先へ向けてさすります。尾が上がりやすくなります。

●内背側仙尾筋のマッサージ
仙骨の1番目のあたりを、指の腹でくるくるマッサージします。尾が上がりやすくなります。

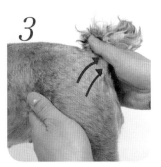

●浅殿筋のマッサージ
背中側の尾の起始部を矢印の方向に親指でこすり、浅殿筋をほぐします。尾を横に振りやすくなります。

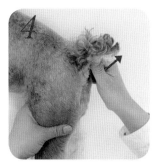

●尾の腹側のマッサージ
しっぽの腹側（尾腹側横突間筋・尾骨筋・肛門挙筋）を先端に向かってさすりあげます。尾を上下左右に動かしやすくなり、便のキレが良くなります。

尾のいろいろなかたち

●ボブ・テイル

先天的な無尾や断尾した尾。オールドイングリッシュシープドッグ、ウェルシュコーギーetc.

●ゲイ・テイル

多くのテリア類の断尾した短い尾。ドーベルマン、イングリッシュコッカースパニエルetc.

●フラッグ・テイル

旗状尾。羽状の飾り毛（ブルーム）が旗のように垂れ下がった尾。ゴールデンリトリーバーetc.

●フラッグポール・テイル

旗竿尾。背線に対して直角に上方へ上げた長い尾。ビーグルetc.

●オッター・テイル

根元が太く、先端にいくほど細くなる尾。ラブラドールリトリーバーetc.

●リング・テイル

輪状尾。縁を描くようにカーブした尾。アフガンハウンドetc.

●スクリュー・テイル

螺旋尾。自然の短尾で螺旋状に曲がりくねった尾。ブルドッグ、ボストンテリアetc.

●スナップ・テイル

ひねり尾。鎌状の尾の先端部が背面に接触している尾。アラスカンマラミュートetc.

●シックル・テイル

鎌尾。根元は高く上がり、途中から半円形にゆるく曲がる尾。チワワ、オッターハウンドetc.

●カールド・テイル

巻き尾。背中に向けてくるんと巻いた尾。パグ、柴犬etc.

●ブラッシュ・テイル

丸いブラシに似た毛で全体が被われている尾。シベリアンハスキーetc.

●セーバー・テイル

サーベル尾。サーベルのようになだらかにカーブした尾。バセットハウンドetc.

●ウィップ・テイル

鞭状尾。背線に沿ってまっすぐ伸びた鞭のような尾。ブルテリア、ダックスフントetc.

このほかにも次のような多くの種類があります。

ブルーム・テイル／長い羽根状の房毛の尾。ポメラニアン

スクイレル・テイル／差し尾。長い房毛が根元から前方に曲がった尾。ペキニーズ

クランク・テイル／下向きの尾の先が少し上を向いた尾。ブルテリア

ホック・テイル／鉤尾。先端が鉤状に曲がった垂れた尾。グレートピレニーズ

キンク・テイル／根元近くで鋭くよじれて曲がった短い尾。フレンチブルドッグ

ローセット・テイル／尾の付け根の位置が低い尾。ボーダーコリー

ハイセット・テイル／尾の付け根の位置が高い尾。ドーベルマンピンシャー　etc.

イラスト／Y.Sakurai

STEP 3

メンテナンス ドッグマッサージ
パーツ編

後頸部のマッサージ

【目的】　・頭部を支える後頸部のコリをほぐす
　　　　　・首から背中のコリをほぐす

四足歩行は首の後ろがこる

　鎖骨が退化した犬は頭を支えたり動かしたりするとき、首の筋肉だけでなく、前肢を動かす筋肉（前肢帯筋）や背中の筋肉も使っています。そのため首の後ろがこりやすく、とくに頭部が重い大型犬や頭が大きいアップルヘッドのチワワは、首のインナーマッスルや背中の筋肉も硬くなりがちです。

後頸部浅層の筋肉

胸骨頭筋
鎖骨頭筋（頸部・乳突部）
僧帽筋（頸部・胸部）
胸骨舌骨筋
肩甲横突筋
鎖骨上腕筋
三角筋肩峰部
三角筋肩甲部

後頸部深層の筋肉

板状筋
菱形筋
頸腹鋸筋

●四足歩行の犬は僧帽筋や菱形筋のほか、首の後ろの筋肉をよく使います。そのため、鎖骨頭筋（頸部・乳突部）、板状筋、頸腹鋸筋など、頭を持ち上げるための筋肉が発達しています。

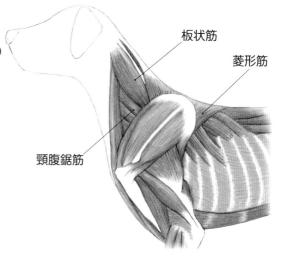

こんな犬におすすめ

- 物にアゴを乗せたがったり、寝床で枕を作りたがる犬。
- 頭や前肢が重い中・大型犬。
- 体に対して頭が大きく重い犬。

1

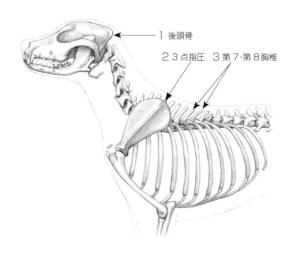

1 後頭骨

2 3点指圧　3 第7・第8胸椎

●後頭骨のきわをニーディング（こねるようにもむ）

後頭部の骨のきわから4本の指の腹を細かく動かし、筋肉
をはがすように板状筋、菱形筋などの付着部をほぐします。

2

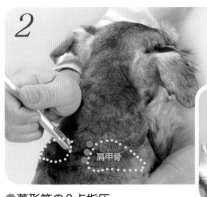

▼右肩甲骨を内側か
ら見たところ。

肩甲骨

●菱形筋の3点指圧

肘を持って肩を持ち上げ、肩甲骨背縁部の谷間
を触りやすくします。肩甲間部の両サイドそれ
ぞれを、谷間の下から押し上げるイメージで、3
点（● ●）を指圧し、菱形筋をゆるめます。

3

第5胸椎

第7胸椎
菱形筋起始部

第8胸椎
僧帽筋起始部

肩甲骨

●第7胸椎・第8胸椎を指圧

菱形筋と僧帽筋それぞれの起始部「第7胸椎・第
8胸椎」を指圧します。[POINT] 探し方は、肩
甲骨後縁部が第5胸椎に当たるので、そこから
尾側へ背骨をたどり、2つ目と3つ目の骨です。

簡単ウラ技
●背中の「お琴マッサージ」で一気にゆ
るめることもできます（☞ P63）。

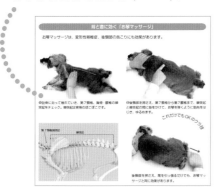

──●指圧に便利な道具──

●ピンポイントのマッサージや指圧の効果がほし
いときは、スマートフォン用のスタイラスペン
（タッチペン）を使ってみましょう。指と同じよう
に微弱な電気が流れているため、マッサージ棒と
して指圧よりも効果的で、指よりも狭い範囲を的
確に攻められます。

頭部と前肢の重みで首がこる

　STEP1でも解説したように、四足歩行は首から腰にかけての筋肉に想像以上の疲労が溜まります。頭部と前肢が重い中・大型犬は、後頸部のマッサージ（☞ P46）とあわせて、これらのマッサージを行ってあげましょう。

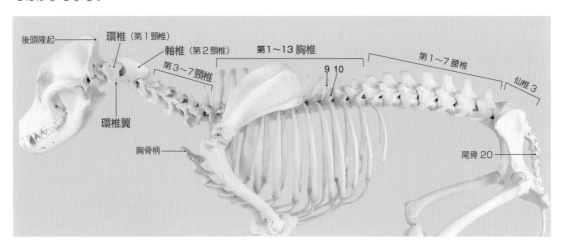

後頭隆起 — 環椎（第1頸椎）
軸椎（第2頸椎）　第1〜13胸椎
第3〜7頸椎　　　　　　　　　第1〜7腰椎
9 10　　　　　　　　　　仙椎3
環椎翼
胸骨柄
尾骨20

●環椎から第8胸椎をさする

環椎（第1頸椎）から第8胸椎にかけて、掌でさすります。
[MEMO] 環椎翼は頸部や肩甲骨を動かすための筋肉の付着部です。

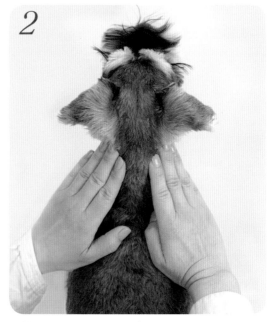

●首の後ろをマッサージ

首筋に両掌を当て、板状筋を伸ばすようにゆっくりさすります。

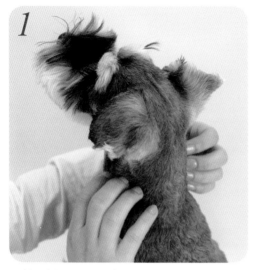

●首の側面をフェザータッチでくすぐる

環椎翼の下辺りを通っている脳神経のひとつ副神経
を、軽いタッチで刺激します。僧帽筋・上腕頭筋・胸
骨頭筋などが一気にゆるみやすくなります。
[POINT] 副神経は肩部の筋肉の運動にかかわりま
す。神経の主な部分は胸骨頭筋の深部の表面にある
ため、首の側面のマッサージが効果的です。

●環椎と軸椎の間のマッサージ

環椎（第1頸椎）の環椎翼の出っ張りを指ではさんで、
ごく軽くもみます。
[MEMO] 頭蓋骨と環椎のジョイント部分はうなず
くしぐさのときに使われるため「YESジョイント」、
環椎と軸椎のジョイントは首を横に振るしぐさに使
われることから、「NOジョイント」とも呼ばれます。

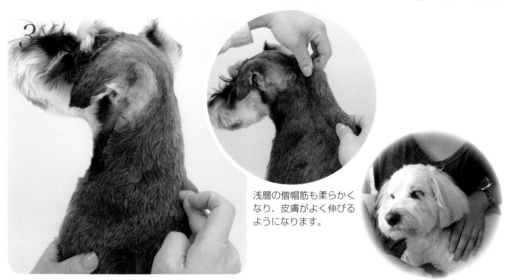

浅層の僧帽筋も柔らかく
なり、皮膚がよく伸びる
ようになります。

●第7頸椎と第1胸椎の境の凹みをポチッと　マッサージ

頸椎と胸椎の境の凹みを軽く指圧します。

[MEMO] 第7頸椎は長い棘突起があり、首を前に曲
げると後方に突出します。

●頭部・首 ②

リードを引っ張る犬のための
前頸部のマッサージ

【目的】　・しつけ時のリードの強い牽引や、犬の引っ張り癖でできた
　　　　　　コリを解消し、上腕の動きをスムーズにする
　　　　　　・逆クシャミや気管虚脱の改善と予防

リードの衝撃で筋肉に傷がつく「リードごり」

　首輪をしている場合、リードを1度でも強く引くと前頸部に強い衝撃がかかり、気管の周りの筋肉に傷がついて硬くなり、気管を圧迫します。その傷を修復しようとして、硬い球状のしこりが鎖骨頭筋や胸骨頭筋に連続してつき、飼い主さんに骨と勘違いされて見過ごされている犬もいます。

　また、首の周囲の筋肉は上腕を動かす筋肉とつながっているため、歩行にも影響が出て、つま先が〝ハの字〟に開く「開張肢」や、開張肢による指の変形が起きやすくなります（☞P70,78）。

頭部から肩の骨格

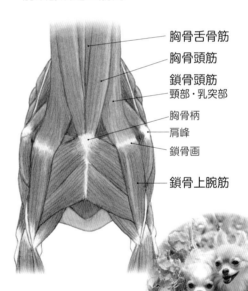

項稜
後頭骨稜
乳様突起
頸部背側正中線
上腕骨大結節
胸骨柄
三角筋粗面
鎖骨画
肘頭

前頸部浅層の筋肉

胸骨舌骨筋
胸骨頭筋
鎖骨頭筋
頸部・乳突部
胸骨柄
肩峰
鎖骨画
鎖骨上腕筋

[MEMO] 鎖骨頭筋（頸部・乳突部）・鎖骨上腕筋をあわせて上腕頭筋といいます。より速く走るために退化して機能しなくなった小さな鎖骨が、上腕頭筋の鎖骨画の内面に付着しています。

鎖骨頭筋（頸部・乳突部）：頸部背側正中線（‥‥）に起始する頸部と乳様突起に起始する乳突部が、鎖骨画に停止します。
鎖骨上腕筋：鎖骨画に起始し、三角筋粗面に停止します。
探し方／後頭骨稜についている筋肉を指で確認し、上腕骨大結節と肘頭を結ぶラインの外側上部1/3のエリア

（‥‥）までたどります。
胸骨頭筋：項稜と乳様突起に起始し、胸骨柄（胸骨の頭側の先端）に停止します。
探し方／後頭骨稜についている筋肉を指で確認し、ノドと第1肋骨が交わる胸骨柄までたどります。

●鎖骨頭筋（頸部・乳突部）のマッサージ

❶後頸部から肩、胸骨柄にかけて、手の甲でゆっくり軽くなでます。

❷後頭骨稜（●）に親指を添えて、2秒に1回の速さで計3回、頭を後ろに30°ほどゆっくり倒します。

❸上腕骨内側の付着部に指を添え（●）、2秒に1回の速さで肘の屈伸を3回します。[POINT]ゆるまないときは人差し指と中指をひねります。痛がるときは「中足骨」のくるくるマッサージをしてください（☞P80）

●胸骨舌骨筋のマッサージ

胸骨柄

胸骨舌骨筋

❶首の主な筋肉の起始部である胸骨柄の位置を確認します。左右の肩甲骨のへりと逆三角形の頂点、首の付け根あたりにある剣先形の骨です。

❷指先で円を描くように胸骨柄の周りをほぐします。胸骨頭筋もゆるみます。[POINT]円を描くときは途中で方向を変えず、最後まで同じ方向に指を動かします。

❸下アゴの凹みを指先で押さえ、胸骨舌骨筋を指で軽くはさむイメージでもみほぐします。

┌─▶ リードごりと呼吸のトラブル ─

●しつけ用のチェーンがついているチョーク（▶）やハーフチョークで強く引くと、前頸部と、前肢につながる首の筋肉に傷がつきやすく、気管虚脱や逆クシャミの原因になります。

これらの症状が出ている犬は、マッサージによって気管を圧迫している筋肉をゆるめることで気管が広がり、呼吸のトラブルが減少します。

小型犬のための首のマッサージ

【目的】　・逆クシャミや気管虚脱のせきこみの予防と改善
　　　　　・見上げる動作による首のコリのつらさの緩和

飼い主さんを見上げることが多い小型犬は、首コリが悩み

　飼い主さんを見上げる動作は、3kg以下の超小型犬にとって負担が大きいもののひとつで、首の後ろだけでなく、前側や頭部のコリも多く見られます。アップルヘッドのチワワは、中・大型犬のための首のマッサージもあわせて行います（☞ P48）。

腹側・側面の浅層の筋肉

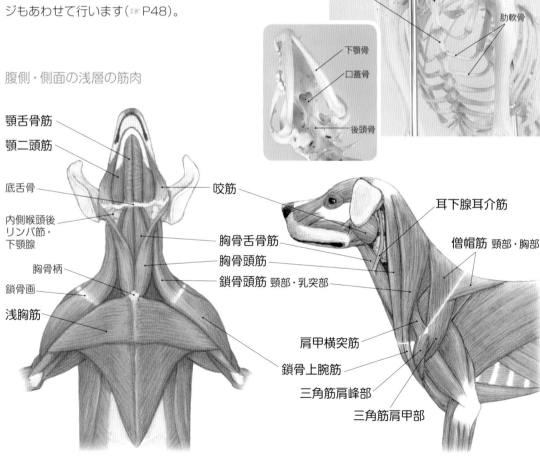

胸椎

肋骨

胸骨柄

胸骨

肋軟骨

下顎骨

口蓋骨

後頭骨

顎舌骨筋

顎二頭筋

底舌骨

内側喉頭後リンパ節・下顎腺

胸骨柄

鎖骨画

浅胸筋

咬筋

胸骨舌骨筋

胸骨頭筋

鎖骨頭筋 頸部・乳突部

耳下腺耳介筋

僧帽筋 頸部・胸部

肩甲横突筋

鎖骨上腕筋

三角筋肩峰部

三角筋肩甲部

●胸骨柄周辺をマッサージ

前頸部のマッサージ（☞P51）と同じく、指先で円を描くように胸骨柄の周りをほぐします。

●胸骨柄のへりを軽く指圧

胸骨柄のへりを指先でなぞるように軽く指圧します。

●胸骨舌骨筋マッサージ

下アゴの凹みを指先で軽く押さえ、胸骨舌骨筋の左右を指で軽く押すイメージでほぐします。

●耳マッサージ

耳のマッサージ1（☞P54）と同じく、2カ所を指圧して頬から耳にかけての筋肉をゆるめます。

小型犬の首コリをケア

●日常生活で頻度の高い「見上げる動作」は、小型犬ほどその角度が大きくなります。逆クシャミや気管虚脱の予防のためにも、P46〜49のマッサージとあわせて、首周辺をケアしてあげましょう。

オヤツ?!

めるもちゃん…

散歩?

耳のマッサージ

【目的】 ・聴覚が発達している犬の耳の周囲と頭部の筋肉をゆるめる

音に敏感な犬・ブラインドドッグに効果的

　音に敏感な犬は、耳を動かす耳介筋や前頭筋がこりやすい傾向にあります。とくに目が見えないため聴覚に頼るブラインドドッグ、絶えず周囲の様子を気にする神経質な犬は、耳のマッサージで頭部のコリをほぐしてあげましょう。

●耳の付け根ポチッとマッサージ

1

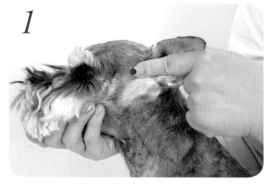

❶耳の穴の前にある凹み（●）に指を１〜５秒ほど当てます。[POINT]深頸括約筋は前頸部の筋肉とつながっているため、耳のマッサージによって前頸部の筋肉もほぐせます。

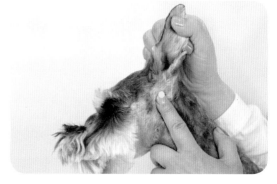

❷頬骨耳介筋・頸耳介筋・耳下腺耳介筋の３つが交わっているところ（●）に指を１〜５秒ほど当てます。

こんな犬におすすめ

- 音に敏感な犬。
- 目が見えない犬。
- 絶えず周囲の様子に気にする犬。
- よく耳を動かして感情表現をする犬。

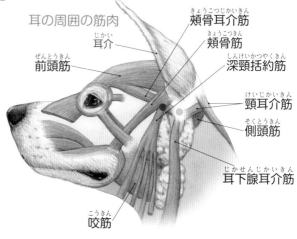

耳の周囲の筋肉

きょうこつじかいきん
頬骨耳介筋

じかい
耳介

きょうこつきん
頬骨筋

ぜんとうきん
前頭筋

しんけいかつやくきん
深頸括約筋

けいじかいきん
頸耳介筋

そくとうきん
側頭筋

じかせんじかいきん
耳下腺耳介筋

こうきん
咬筋

●耳介筋、前頭筋、後頭骨に付着する頸部の筋肉をゆるめるマッサージ

耳の付け根を持って上方向、尾側方向、前方、横方向にストレッチするように引っ張ります。

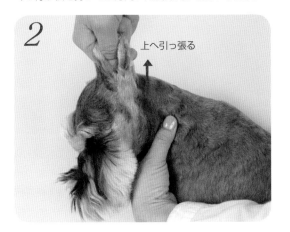

上へ引っ張る

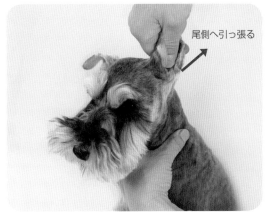

尾側へ引っ張る

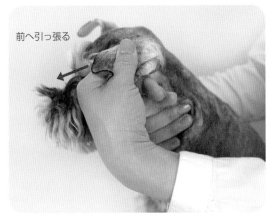

前へ引っ張る

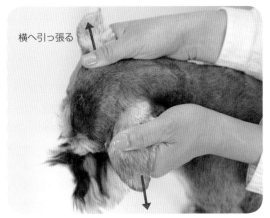

横へ引っ張る

犬の耳知識

●犬の聴覚は、嗅覚に次いで鋭い感覚器官です。犬種による違いはほとんどなく、自然界のさまざまな周波数の音の中から、約20〜5万Hz*の音をとらえることができるといわれます（ヒトの可聴域は約20〜2万Hz）。

●耳介は、頬骨耳介筋（前に向ける）、頸耳介筋（後ろに引く）、耳下腺耳介筋（下に引く）によってあらゆる方向に片方ずつ動かすことができます。こうした微妙な動きは音の方向を聞き分けるほか、社会的順位を表したり感情の伝達にも役立っています。

ぴんと立てる：何かに興味を示している、注意を惹かれている、警戒の表れ。

ぐっと前に倒す：攻撃的な気持ち、威嚇の表れ。

後ろに伏せる：尾を振っていれば喜びの気持ち、目を合わせず口元に力を入れているようなら不安やストレス、服従を表しています。

●形は大きく立ち耳と垂れ耳に分けられます。集音力の高い立ち耳をもつ犬種は、嗅覚と聴覚で獲物を追う能力が高く、同種間での感情を表現しやすいといわれます。

大きく垂れた耳を持つ犬種は、地面すれすれの耳で雑音や視界を遮ることによって、嗅覚の集中力を高めているといわれます。

＊低周波域は 20 ·〜65Hz、高周波域は 50000 〜 65000Hz の諸説があります。

●頭部・首⑥
目の疲れをとるマッサージ

【目的】 ・眼精疲労回復のツボ押しで、目の健康維持。白内障の予防
・背中や腰のコリ、腰痛の改善

眼精疲労のツボ「攢竹・晴明・承泣」

目をよく使い、疲れがある犬は首や腰の筋肉にもコリを抱えています。目の疲れを取るツボマッサージに、首や腰のマッサージもプラスして疲れを和らげてあげましょう。

●「攢竹」のツボマッサージ

左右の眉毛の目頭側のきわにある「攢竹」を骨に向かって軽く指圧します（200g以下の圧で）。

●「晴明」のツボマッサージ

目頭の少し内側、骨が少し凹んでいるところにある「晴明」を指で軽く挟んで3秒揉みます。
[POINT] 涙があふれやすく、鼻が乾きやすい犬は、鼻の横にある涙を通す鼻涙管が詰まりやすく、その詰まりの解消も期待できます。

●「承泣」のツボマッサージ

黒目の真下にある「承泣」を骨に向かって軽く押します。
[POINT] 攢竹と承泣は腰のコリにも効く裏ワザのツボです。

●ツボがわかりにくいときは、眼球を押さないように、眼輪筋にそって200g以下の圧で軽くマッサージしてください。

ビビりやすい犬に大人気！

- スポーツをしていてよく目を使う犬。
- 白内障で黒目が白っぽくなってきている犬。
- 絶えず周囲の様子を気にする犬。
- 涙があふれやすい犬。
- 首や腰が硬くなりやすい犬。

こんな犬はストップ！

- 緑内障がある犬は目のマッサージを避けてください。緑内障は眼球の中の「房水」が溜まって眼圧が高くなる病気で、マッサージは眼圧を上げてしまう恐れがあります。

●眉間のツボ「印堂」を指圧

眉間中央の凹みにある「印堂」を指圧します。目の疲れを取る以外に、神経質で気弱な犬には抜群のリラックス効果もあります。

→ 効果抜群！マッサージグッズ

使って楽しいマッサージ用ローラー

●なでるようにころがすだけで、高いマッサージ効果があり、頭部や足先など、筋肉や脂肪の少ない部分はとくに、指先とは違ったデリケートな刺激ともみほぐしができます。

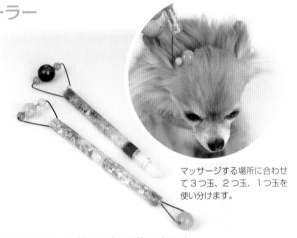

マッサージする場所に合わせて3つ玉、2つ玉、1つ玉を使い分けます。

ウフウフ♥ルレット（Ouah-Ouah♡roulette ）
問い合わせ／犬が喜ぶお店「和美心」 http://mydogs-care.com/

セラピー効果も高い「ホットストーン」

●保温力の高い玄武岩を100℃の湯に5分つけて温め、タオルに包んで患部に当てるほか、ストーンを使ったマッサージも効果的です。

★P59「メンテナンスドッグマッサージQ&A」もご覧ください

●頭部・首 ⑦
硬いものを噛むのが好きな犬のための
顔マッサージ

【目的】 ・口まわり・頬・側頭部のコリをほぐす

おやつのボーン＋マッサージタイムでストレス解消

　ボーンなど、硬いものを噛むのが好きという犬は、口の周辺や頬の筋肉が硬くなっています。これらの筋肉は頭の筋肉と連動して動くため、前頭筋や側頭筋も固くなっていることが多いのです。頬と頭の筋肉をゆるめて、リラックスできるようにしてあげましょう。

●咬筋のマッサージ

咬筋（頬骨の下にあるふくらみ）を指3本でゆっくりストロークします。

●側頭部の指圧

側頭部をポチッと3〜10秒押します。

▲頬骨のきわを指圧するマッサージも効果的です。

頭部の筋肉

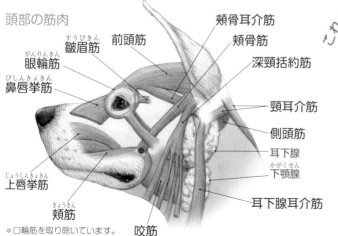

眼輪筋
すうびきん 皺眉筋
がんりんきん
前頭筋
頬骨耳介筋
頬骨筋
深頸括約筋
びしんきょきん 鼻唇挙筋
頸耳介筋
側頭筋
耳下腺
かがくせん 下顎腺
じょうしんきょきん 上唇挙筋
きょうきん 頬筋
咬筋
耳下腺耳介筋

＊口輪筋を取り除いています。

これ1つでOKのウラ技

●頬筋と頬骨筋の指圧（●印のところ）

歯茎をマッサージするイメージで10秒ほど押さえると、咬筋が一気にゆるみます。

メンテナンスドッグマッサージ Q&A

Q1 ドッグマッサージっていつやるの？

A 決まった日課にしてしまうと、飼い主さんの都合でできないときにストレスを感じることもあるようです。時間を決めずに、ゆるいルールでお互いが心穏やかにリラックスできる時間が持てるときにしてあげてください。

Q2 どれくらいの頻度でやると良い？

A こまめに触ってあげることが大切です。毎日ドッグマッサージをしてあげても、ヒトよりも速いスピードで年齢を重ねていく犬たちにとって、4日〜6日に1度というペースに感じているはずです。どのマッサージも1回数分という短い時間で簡単にできるものです。コミュニケーションを図りながら、1日数回してあげるのが理想ですが、難しければ1日に1回、せめて2〜3日に1回を目安にマッサージをしてあげてください。病気の早期発見にもつながります。

Q3 マッサージがごほうびになるって本当？

A おやつがごほうびになっている犬は多いと思いますが、おもちゃで遊んであげるのと同じで、マッサージで気持ち良くなるのがごほうびの犬もいます。
例えば、太りすぎてダイエットが必要な犬の場合、ドッグマッサージは気持ち良くなるだけでなく、新陳代謝をアップさせる効果や、脂肪の沈着を防いでくれる効果も期待できます。もし愛犬がドッグマッサージがお気に入りになったら、ごほうびとして取り入れてみると良いと思います。

Q4 ベストなタイミングは？

A 関節に痛みがあるワンちゃんは、起きたらすぐにしてあげるのがベストです。ヒトもそうですが、寝起きがいちばん筋肉がこり固まっています。シニア犬や関節の痛みを抱えている犬たちがもっともからだの痛みを感じているのも、この時間帯と考えられます。寝起きや朝の散歩の前に軽くマッサージやストレッチをしてあげましょう。

Q5 ドッグマッサージをする前の注意事項は？

A ❶関節のトラブルや持病がある場合、獣医師に施術をしても良いかどうか、しても良い場合は避けるべき箇所や禁忌事項をしっかりと確認しておきましょう。触ると嫌がる犬の場合は、関節や神経の疾患の心配があるので、動物病院での検査をしてみると良いでしょう。
❷介在性免疫疾患、血管に梗塞ができやすい症状、ジステンパーなどの感染症など、ドッグマッサージをしない方がいい病気があります。急性の炎症や外傷がある場合は、その場所を避けるか、施術自体を見合わせましょう。
❸関節や筋肉のトラブルやコリがある犬は、その痛みを緩和するために「その犬にとっての楽な姿勢」を作り出している場合があります。そのため、マッサージされることを嫌がったり、受け入れるまで時間がかかることがあります。無理に行わず、5〜6割くらいほぐしてしばらく様子をみるなど、加減しながら試しましょう。
❹メンテナンスドッグマッサージは、妊娠中、発情期中のメスの犬にも行うことができます。
❺何歳からでも、何歳まででも施術可能です。パピーは早い時期からはじめるほど、こりにくい犬に育ちます。おうちに来た日からやってあげましょう。

腰・背が硬い犬のためのマッサージ

【目的】　・股関節や膝蓋骨の脱臼のケア
　　　　　・椎間板ヘルニア、変形性脊椎症の予防と改善

腰・お尻・背骨のトラブルに効果

　腰は仙骨（椎）と骨盤の硬さのため、コリに気がつきにくい場所です。犬種や、後肢や腰、背骨の関節のトラブルなどでもこりやすい部位で、皮膚を指でつまんで持ち上げても伸びないようなら要注意です。たくさん運動をした後などにもしてあげたいマッサージのひとつです。

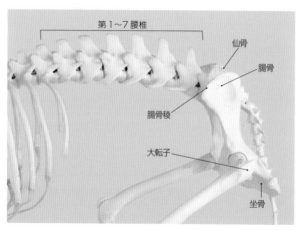

第1～7腰椎

仙骨
腸骨
腸骨稜
大転子
坐骨

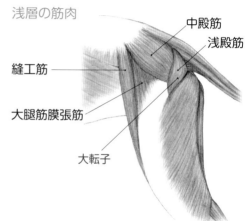

浅層の筋肉

中殿筋
浅殿筋
縫工筋
大腿筋膜張筋
大転子

中殿筋と浅殿筋のマッサージ

●腸骨稜と大転子の位置をチェック

腸骨稜

仙結節靭帯
大転子
坐骨結節

中殿筋は腸骨稜に起始し、大転子に停止します。浅殿筋は殿筋の筋膜・仙骨・第1尾椎から坐骨結節につながっている強力な仙結節靭帯に起始し、大転子のやや下の大腿骨に停止します。

●中殿筋と浅殿筋のマッサージ1

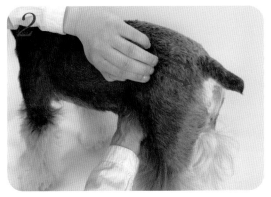

❶中殿筋を腸骨稜（右上図●）からはがすように４本の指をスライドさせます。

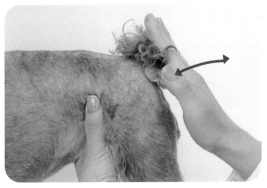

❸浅殿筋には、しっぽが挙がりにくいときのマッサージ（☞P42）も効果的です。

●中殿筋と浅殿筋のマッサージ2

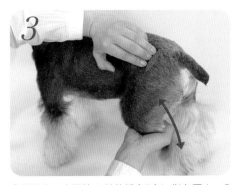

❶腸骨稜の中殿筋の付着部（●）に指を置き、２秒に１回のスピードで膝を３回屈伸させます。
[POINT] 筋肉が硬いときは、「足を挙げて２秒・下げて２秒を３セット」で。大転子周辺をくるくるマッサージも可です。

深層の筋肉

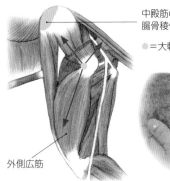

中殿筋の
腸骨稜付着部

●＝大転子

外側広筋

❷大転子から筋肉をはがすように、中殿筋・浅殿筋・外側広筋の３方向に親指をスライドさせます。大腿四頭筋の外側広筋もゆるみます。

こんな犬におすすめ

- 股関節のトラブルを抱えている犬。
- 膝のトラブル、椎間板ヘルニアなどの背骨のトラブルを抱えている犬。
- 後肢を後ろに伸ばしにくい犬。
- 断尾している犬。
- しっぽが短い犬種の犬。
- Ｏ脚、Ｘ脚、膝が曲がったままの犬。
- 仰向けになったとき股が開脚できない犬＊。
- よく走る犬。
- よくジャンプする犬。
- お尻を振って歩く犬。
- 四肢が細く長い犬（イタリアングレーハウンドetc）。
- １歳未満のパピー。

＊後肢の姿勢の崩れにつながります。

❷浅殿筋の起始部に指を置き、２秒に１回のスピードで膝を屈伸させます。

からだの軸を作る背中・腰のマッサージ

　からだの動きの軸になる軸上筋系の筋肉は、横突棘筋系・最長筋系・腸肋筋系の３部に分かれます。犬は本来、ゆるやかなＳ字を描いて歩きます。背中の筋肉が硬くなると、このＳ字カーブが描けなくなり、背中や腰の筋肉の痛みが出たり、縦方向に弾んでぴょこぴょこ歩いたり、四肢の関節に負担が出やすくなることが考えられます。

　老犬になると、背骨を支える筋肉が硬くなるため肋骨の可動域が狭くなり、その結果、背中や腰に痛みが出て、歩行に影響が出やすくなります。日頃から背中と腰のマッサージでコリをほぐしてあげましょう。

●体軸の筋肉のマッサージ

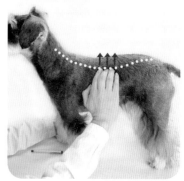

❶背や腰のコリは首にも影響が出ます。首の周辺の頚最長筋、棘筋、半棘筋などを触って筋肉が硬くなっていないかどうかをチェックします。

❷肩甲骨の上辺に４本の指を当てて板状筋から肩にかけてさすり、頚最長筋をゆるめます。

❸頚最長筋と胸腸肋筋の下端から胸最長筋の停止部まで、肋骨との付着部を４本の指で押さえ、背骨側に押し上げます。

●背中・腰のマッサージ

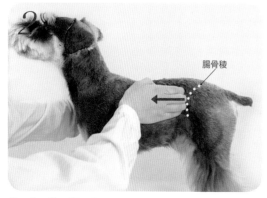

腸骨稜

❶４本の指で腸骨稜から腰腸肋筋と腰最長筋をはがすイメージでマッサージします。

❷肋骨ごとに両手の小指側で、すりもむようにマッサージします。ハエが手をこすり合わせるイメージです（ハエ・マッサージ）。

背面の筋肉

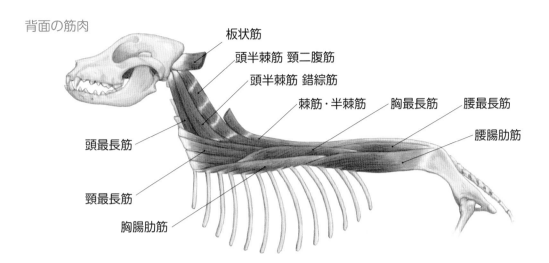

板状筋
頭半棘筋 頸二腹筋
頭半棘筋 錯綜筋
棘筋・半棘筋　胸最長筋　腰最長筋
腰腸肋筋
頭最長筋
頸最長筋
胸腸肋筋

背と首に効く「お琴マッサージ」

お琴マッサージは、変形性脊椎症、後頸部の首コリにも効果があります。

❶肋骨に沿って触れていき、第7頸椎、胸骨・腰椎の棘突起をチェック。棘突起は背骨のぽこぽこです。

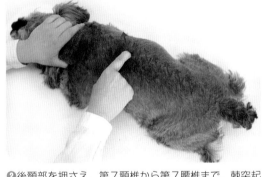

❷後頸部を押さえ、第7頸椎から第7腰椎まで、棘突起と棘突起の間に指をかけて、お琴を弾くように筋肉をはじき、ゆるめます。

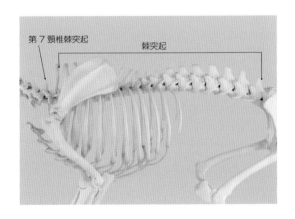

第7頸椎棘突起
棘突起

これだけでもOKのウラ技

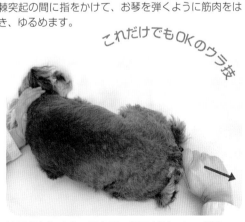

後頸部を押さえ、尾を引っ張るだけでも、お琴マッサージと同じ効果があります。

股間のマッサージ

【目的】 ・大型犬、とくに未去勢のオスに多い股間のコリ解消

人間の男性にはない悩み！ 男の子は股間もこる

　未去勢の犬や去勢の時期が遅かった犬は、陰茎骨が発達して重くなります。大型犬ほど陰嚢や陰茎骨が下に下がって重くなるため、内股の筋肉の筋膜が引っ張られて歩行にも支障が出やすくなります。

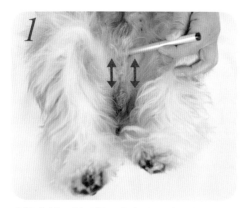

1

●陰茎部の付け根の左右をさすります

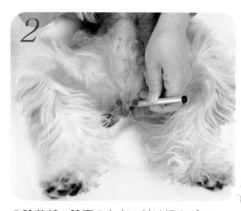

2

●陰茎部、陰嚢の左右の付け根をポチッ

[MEMO] 犬のオスには、ヒトにはない陰部の骨「陰茎骨」があります。陰茎の尿道の中を通る軟骨性の骨で、交尾の際にはこの骨の周囲にある尿道球が勃起します。

→女の子のニオイで興奮してしまったら…

●ヒート（発情期）の女の子のニオイに反応して、通常サヤに収まっているサオの部分（亀頭長部）が出てきてしまう犬がいます。表面が乾くと戻りにくくなり、2〜3時間もすると壊死が始まるケースもあるそうです。
このようなときは、陰茎部の両わきを指先で優しくさすったり、ウフウフ♡ルレットをゆっくり転がしたりすると収まりやすくなります。

●それでも乾燥が始まってうまくいかない場合は、オリーブオイルなどの植物油を塗って滑りを良くすると収まりやすくなります。マッサージで気持ち良くなって出てきてしまう犬の場合も、同様に対応してあげてください。

陰茎骨

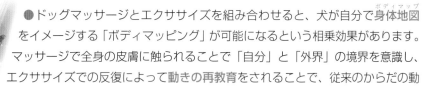

メンテナンスドッグマッサージと
エクササイズの相乗効果 ボディマッピング

からだに
イイコト
いっぱい

●ドッグマッサージとエクササイズを組み合わせると、犬が自分で身体地図（ボディマップ）をイメージする「ボディマッピング」が可能になるという相乗効果があります。マッサージで全身の皮膚に触られることで「自分」と「外界」の境界を意識し、エクササイズでの反復によって動きの再教育をされることで、従来のからだの動きを修正でき、正しい位置や動きをイメージできるようになるからです。

●ボディマッピングが可能になると、痛みが出たとき、犬自ら、負担がかかる動作や姿勢を意識的に避け、痛みの自己管理や再発予防をするようになります。そして、正しい姿勢の保持で全身の動きが効率良くなるため、パフォーマンス力も向上します。また、非常に頭を使う動く脳トレでもあるので、メンタル面で不安の軽減や自信の獲得につながります。

［こんな犬におすすめ］１歳半までの成長期の犬、身体能力が落ちたシニア犬、リハビリ中の犬、アスリート犬にはとくにおすすめです。おやつが大好きで利発な犬や活発で運動好きな犬は、マッサージよりもエクササイズでからだのメンテナンスをする方が向いている場合もあります。

飼い主さんも楽しい！ドッグエクササイズの一例

犬用バランスボール
●ボーン型・ディスク型・ドーナッツ型・ピーナッツ型があり、形によって難易度が異なります。犬の体格やそれぞれのコンディションに合わせて使い分けます●バランス感覚や位置感覚などの向上・筋力強化・指のグリップ力の強化などに効果的です＊●安全に使える素材でできている「犬用」を必ずご使用ください。

キャバレッティ
●おやつで誘導し、四肢でバーを１本ずつまたいだり、くぐったりします●バランス感覚や位置感覚などの向上・骨格のゆがみの改善・肩コリや腰痛の予防と改善・四肢の着地や屈伸運動の向上などに効果的です●体の使い方が下手な犬、痛みなどで体の境界線の意識が弱くなっている犬は、バーを跳び越

えたり、落としたりします●足を地面に着けられるはずなのにつかない犬・足の踏ん張りが利かない犬にはとくにおすすめです。

水中運動
●水中歩行やスイミングはボディマッピングに最適です●バランス感覚や位置感覚などの向上・筋力強化・筋肉の柔軟性向上・ダイエット・メンタル面の強化などに効果的です●陸上での運動の何倍もの運動量がありながら、浮力で関節に負担がかからないため、関節の痛みを抱える犬や筋力強化を図りたい犬にとくにおすすめ。

お散歩コースの工夫もGood!
●落ち葉や芝生がある場所や砂浜、くぐったりまたいだりできる場所がある公園などを選んで、散歩コースを工夫してみましょう。

＊膝蓋骨脱臼がある犬は、横に揺れる動きをしないように注意してください。

●四肢 ①
膝のマッサージ

【目的】　・膝関節の脱臼のケア
　　　　　・股関節のトラブルや腰痛の二次的障害の予防

加齢や犬種によっても多い膝のトラブル

　膝にトラブルを抱えている犬は多く、気の小さい緊張しやすい気性の犬は腰や背骨にも影響が出やすい傾向があります。腰部、後肢のマッサージとあわせ、コリと痛みを和らげてあげましょう。

●腹直筋のマッサージ

❶恥骨にある腹直筋の付着部を3秒ほどポチッと押します。

みぞおち
横隔膜のライン

❷みぞおちや横隔膜のラインを少し圧をかけながらさすったり、肋骨に向かって3秒ほど4本の指で押します。

●内転筋の起始部をポチッとマッサージ

200g以下の圧で押してゆるめます。
【POINT】主に膝の屈伸を助け、立ち姿勢を安定させると同時に、連動して動く筋肉全般の動きも良くします。

内転筋マッサージのウラ技

●股関節のスライドストレッチ

恥骨の際から膝の内側まで、縮んだ筋肉を伸ばすようにさすります。裏側の腰の筋肉もゆるみやすくなります。

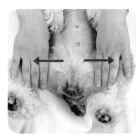

腹部から下肢の筋肉

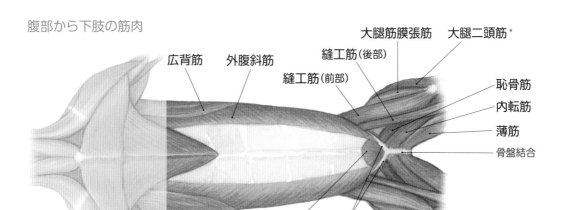

広背筋　外腹斜筋　縫工筋（前部）　縫工筋（後部）　大腿筋膜張筋　大腿二頭筋＊

恥骨筋
内転筋
薄筋
骨盤結合

腹直筋　鼠径靭帯（そけいじんたい）

左後肢内側の浅層の筋肉　　　　左後肢内側の深層の筋肉

浅鼠径輪
大腿直筋
恥骨筋
内側広筋
内転筋
縫工筋前部
縫工筋後部
半膜様筋
半腱様筋

薄筋

総踵骨腱

腓腹筋
前脛骨筋
外側趾屈筋

浅趾屈筋
総踵骨腱

脛骨
下腿伸筋支帯

膝窩筋

浅趾屈筋

＊大腿後面にある大腿二頭筋、半膜様筋、半腱様筋を総称してハムストリングス（hamstrings）といいます。下肢の動きや運動能力に大きく影響する部分です。

●**大腿四頭筋**

　大腿四頭筋の4つの筋肉はそれぞれの起始から、1つの腱に集まり、膝蓋骨に停止します。そのため、膝蓋骨が脱臼するととくに緊張しやすい筋肉です。

　また、膝を伸ばしたり外転するときにも使うため、腰痛や老化などによって膝が曲がったままの犬や、O脚・X脚の犬は、この筋肉がガチガチに硬くなり、歩行に影響が出やすくなります。

3

●中殿筋と浅殿筋の
　マッサージ
P61を参照してください。

4

●つま先のマッサージ
P41を参照してください。

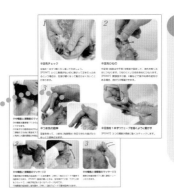

こんな犬におすすめ

● 膝関節を脱臼しやすい犬。
● 膝関節脱臼のケア、予防。
● 老化や運動不足で膝の屈伸がしにくい犬。
● 腰痛で膝を曲げたまま立つ（歩く）犬。

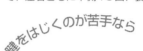

●足の甲と足裏のマッサージ

足の甲の腱を横に切るようにマッサージします。ごく軽い圧で、左右ともに甲側10回、裏側10回程度行います。

腱をはじくのが苦手なら

6の方法が苦手な犬の場合は、膝蓋腱を弦に見立て、指を往復させてバイオリンを弾くようにマッサージします。脱臼のグレード2までに効果があります。
[POINT] 脛骨粗面から脛骨の峰に沿ってマッサージすると、縫工筋、大腿四頭筋の4つの筋肉がゆるみます。

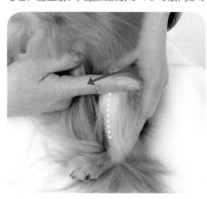

○＝膝蓋骨

●膝蓋腱のバイオリンマッサージ

バイオリンの弦をつま弾く（ピチカート）イメージで、膝蓋腱（膝蓋骨から脛骨粗面に付着）をはじきます。
[POINT] 膝蓋骨が外れやすい方向とは逆方向に、「外にはずれる→内側へ、内にはずれる→外側へ」つま弾きます。縫工筋と大腿四頭筋の4つの筋肉がゆるみます。

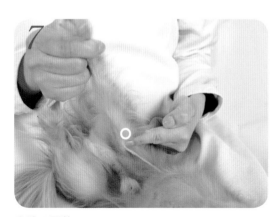

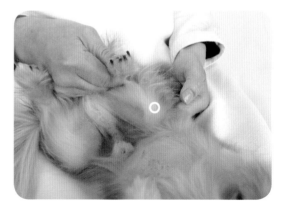

●膝の屈伸

膝蓋骨のすぐ上にある大腿四頭筋の腱を指で押さえ、2秒に1回のスピードで3回膝を曲げます。立ち姿勢でもOK。

1. 三陰交のツボを指圧
さんいんこう

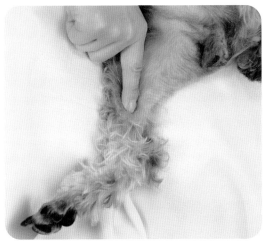

内果と膝をむすぶラインの下から5分の2のところにある「三陰交」（●）を指圧します。膝から指を潜らせて脛骨にむかって押すとゴムのような感触のところです。

[POINT1] 脛骨の峰に沿って指を膝に向かって滑らすと、内果と膝をむすぶラインの下から5分の2の場所あたりに骨の凹みが確認できます。そこを目印に、脛骨の内側に指を入れて押しても良いです。

[POINT2] 坐骨の中の深層筋である内閉鎖筋がゆるみます。

下肢の骨格

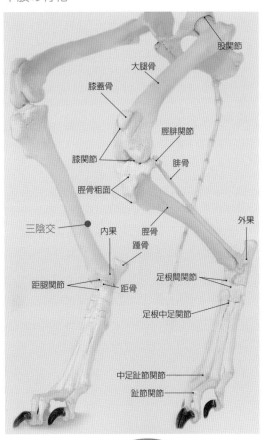

股関節
大腿骨
膝蓋骨
脛腓関節
膝関節
腓骨
脛骨粗面
三陰交
内果
脛骨
踵骨
外果
距腿関節
距骨
足根間関節
足根中足関節
中足趾節関節
趾節関節

2. アキレス腱のマッサージ

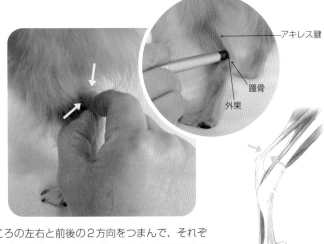

アキレス腱
踵骨
外果

アキレス腱のなるべく踵骨の付着部に近いところの左右と前後の2方向をつまんで、それぞれ10秒ほどキープします。太腿の大腿二頭筋、半腱様筋、ふくらはぎの腓腹筋、浅趾屈筋が一気にゆるみます。

● 四肢 ②
開張肢のマッサージ
（肩・背からつま先）

【目的】 ・リードごりとも関連して起こる前肢のトラブルの予防と改善

リードごりがきっかけになりやすい「開張肢」

「開張肢」*は、1本もしくは複数の足のつま先が外側に開いてしまい、立ったときに足裏の重心がずれている状態を指します。バレリーナのように足先を開いた立ち方が特徴ですが、なかなか気づきにくいサインです。滑りやすい床で暮らす犬のほか、リードごり（☞ P50）をきっかけになることが多いトラブルです。首から腕に筋肉の痛みがあり、指の変形や関節が曲がったままの拘縮、肉球の凹みが出ているケースも多く、気づかないうちに肩の脱臼を起こし、自分ではめている犬も増えています。

肩のマッサージ

●肩甲骨のマッサージ

肩峰

肩峰に触れ、肩甲骨を縦に分ける肩甲棘を確認し、両縁をこすります。
[POINT] 肩甲棘を境に、深層の棘上筋と棘下筋がついています。

●三角筋のマッサージ

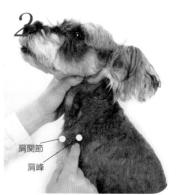

肩関節
肩峰

❶三角筋の肩甲部（肩甲棘）と肩峰部（肩峰）の起始部を確認し、肩甲棘の後縁に沿ってこするようにマッサージします。

❷三角筋の停止部である三角筋粗面を指でこすります（フリクションマッサージ）。[POINT] つま先の「ハの字」が改善します。

肩峰
肩甲棘を探すときの目印になります。肩甲骨を前後に引っ張り、前肢を前に出すための筋肉が付着しています。前肢を前後に動かしにくいときのマッサージのポイントの部位です。

肩甲棘
肩周りの筋肉がたくさん付着しているので、ここをこすると前肢の筋肉を一気に緩める時短テクニックに便利な部位です。

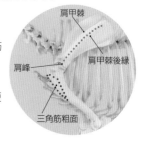

肩甲棘
肩甲棘後縁
肩峰
三角筋粗面

*人間の「開張足」と同じです。「開張肢」はウサギの遺伝病として知られていますが、犬の場合は正式な獣医学的な名称ではありません。

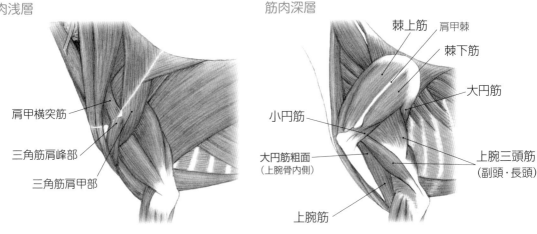

筋肉浅層

肩甲横突筋
三角筋肩峰部
三角筋肩甲部

筋肉深層

棘上筋　肩甲棘
棘下筋
大円筋
小円筋
大円筋粗面
（上腕骨内側）
上腕三頭筋
（副頭・長頭）
上腕筋

大円筋粗面
上腕筋の内側にわずかに触れる大円筋の付着部を「大円筋粗面」といいます。開張肢の犬、左右の肩甲骨の間（菱形筋）が硬くなっている犬、前肢の可動域が狭くなっている犬にマッサージすると効果的な部位です。

●大円筋のマッサージ

肩甲骨後縁部を手刀の小指側の面でこするようにマッサージして大円筋をゆるめます。

右前肢の内側

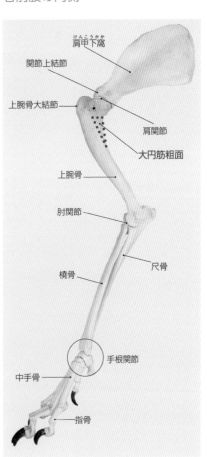

肩甲下窩
関節上結節
上腕骨大結節
肩関節
大円筋粗面
上腕骨
肘関節
橈骨
尺骨
手根関節
中手骨
指骨

こんな犬におすすめ

- 頭側や尾側から見たときに、つま先がボディラインより外側に跳ねだして歩く犬。
- 肉球が内側に凹んでいたり、爪の削れ方が不均等の犬。
- 肩関節の可動域が狭くなっている犬。
- お手やハイタッチがしにくい犬（後頸から肩にかけての筋肉がこっている）。
- 立っているとき、前肢が「ハ」の字に開く犬。

前肢が「ハ」の字に開く▶

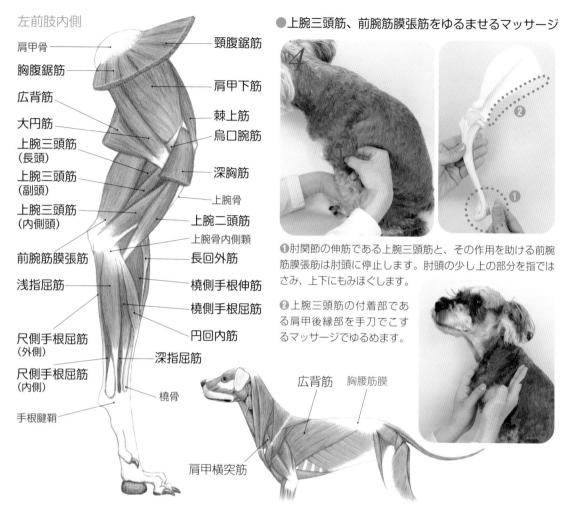

左前肢内側

- 肩甲骨
- 胸腹鋸筋
- 広背筋
- 大円筋
- 上腕三頭筋（長頭）
- 上腕三頭筋（副頭）
- 上腕三頭筋（内側頭）
- 前腕筋膜張筋
- 浅指屈筋
- 尺側手根屈筋（外側）
- 尺側手根屈筋（内側）
- 手根腱鞘

- 頸腹鋸筋
- 肩甲下筋
- 棘上筋
- 烏口腕筋
- 深胸筋
- 上腕骨
- 上腕二頭筋
- 上腕骨内側顆
- 長回外筋
- 橈側手根伸筋
- 橈側手根屈筋
- 円回内筋
- 深指屈筋
- 橈骨

●上腕三頭筋、前腕筋膜張筋をゆるませるマッサージ

❶肘関節の伸筋である上腕三頭筋と、その作用を助ける前腕筋膜張筋は肘頭に停止します。肘頭の少し上の部分を指ではさみ、上下にもみほぐします。

❷上腕三頭筋の付着部である肩甲後縁部を手刀でこするマッサージでゆるめます。

- 広背筋
- 胸腰筋膜
- 肩甲横突筋

●肩甲横突筋のマッサージ

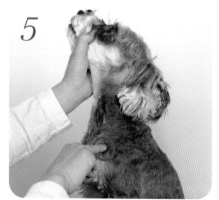

❶肩甲横突筋は前肢を前に出す作用をする筋肉で、肩峰に起始し、環椎翼に停止します。肩峰の頭側をくるくるマッサージし、起始部をゆるめます。

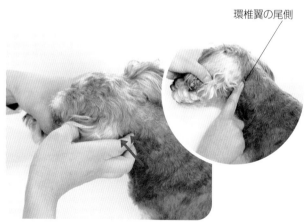

- 環椎翼の尾側

❷環椎翼の尾側に4本の指を当て、肩甲横突筋をはがすイメージでスライドさせます。

●前肢の後方への可動域を広げるマッサージ

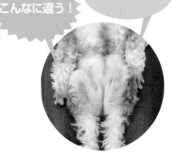

こんなに違う！

マッサージ前…

❶腰から背と上腕に広がる広背筋の起始部（胸腰筋膜）をゆるめ、広背筋をゆるめます。[POINT] 両手の親指で、腰にある広い筋膜をラップを伸ばすイメージでマッサージします。

❷背骨の縁から筋肉をはがすイメージで広背筋をゆるめます。仰向けにしたとき、前肢がまっすぐ伸びるようになります。

ウラ技

●肩甲下筋、広背筋、大円筋、深胸筋を一気にゆるませるマッサージ

●肩関節が柔らかくなり、可動域が広くなります。

❶広背筋と大円筋の上腕骨付着部に指先を当て軽く圧を加えます。

❷上腕骨の内側にある小結節に指先を当て、軽く圧を加えます。

→ 前肢のX脚のためのマッサージ

腕の筋肉を一気にゆるめるウラ技

　前肢のX脚は、静止しているときに手が交差する症状で、屈筋が伸びて伸筋が縮んでいるか、その逆の状態です。

　上腕の筋肉が集中して付着する肘関節（肘頭、外側上顆、内側上顆、）を指でクルクルと刺激すると、腕全体の筋肉が一気にゆるみ、改善されます。

前肢X脚

▲右から、肘頭、外側上顆

●浅胸筋・深胸筋のマッサージ

浅胸筋停止部

❶浅胸筋は、肋骨と胸骨の腹側面にある胸部の上肢筋肉です。胸骨柄と第3肋骨がつく胸骨に起始し、上腕骨上部に停止します。
体幹と胸骨の両脇を手刀で切るマッサージでほぐします。

❷上腕骨の付着部を両手ではさみ、浅胸筋の停止部から指先の方向へ向かって強めにさするのも効果的です。

❸深胸筋は、胸骨柄と剣状軟骨を結ぶ胸骨に起始し、上腕骨上部の大結節・小結節に停止します。
腕の内側から大結節を指圧します。
[POINT] 上腕の上下・前後の動きを良くし、前肢を体幹に近づけます。

胸部筋肉

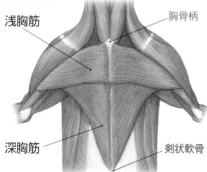

浅胸筋
胸骨柄
深胸筋
剣状軟骨

深層筋側面

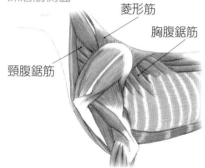

菱形筋
胸腹鋸筋
頸腹鋸筋

●菱形筋、胸腹鋸筋、頸腹鋸筋のマッサージ

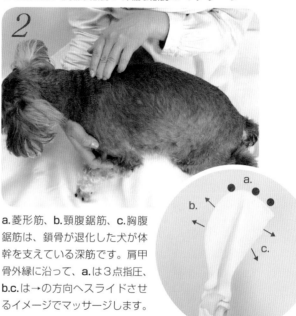

a.菱形筋、b.頸腹鋸筋、c.胸腹鋸筋は、鎖骨が退化した犬が体幹を支えている深筋です。肩甲骨外縁に沿って、a.は3点指圧、b.c.は→の方向へスライドさせるイメージでマッサージします。

上腕のマッサージ

●上腕二頭筋と上腕筋のマッサージ

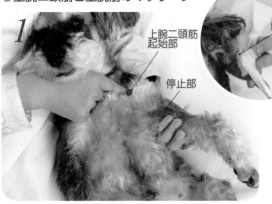

上腕二頭筋
起始部

停止部

関節上結節

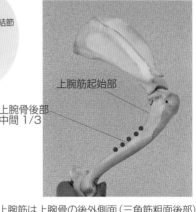

上腕筋起始部

上腕骨後部
中間 1/3

❶上腕二頭筋は肩の伸展と肘の屈曲、前肢の外転を行う深層の筋肉です。関節上結節に起始し、橈骨粗面と尺骨粗面に停止します。それぞれの起始部と停止部を200gの圧で指圧するか、軽くこすります。

❷上腕筋は上腕骨の後外側面（三角筋粗面後部）に起始し、橈骨と尺骨前部・肘関節の内側のすぐ遠位に停止します。それぞれの起始部と停止部を200gの圧で指圧するか、軽くこすります。[MEMO] 上腕骨の後部中間1/3の部分を指で上下にこするようにマッサージするのも効果的です。

━ 愛犬のための傾向と対策 ━

ジャンプ大好き犬のためのマッサージ

よくジャンプする犬は、首の筋肉と肩周辺にコリがたまりやすくなります。

腕のしびれや肩の関節痛などに効果がある、肩関節の尾側の凹みにあるツボ「臑会（じゅえ）」が効きます。200gの圧で指圧してください。

足が短い犬のためのマッサージ

ダックスフントなど足の短い犬は、胸・前肢の内側・体幹を支える筋肉がこりやすく、「リードごり」「開張肢」になりやすい傾向があります。このページの胸部と上腕のマッサージを念入りにし、前頸部（☞P50）と前肢（☞P70）もプラスしてあげてください。

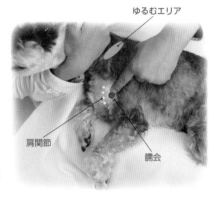

ゆるむエリア

肩関節

臑会

よく吠える犬のためのマッサージ

「吠える」という行動は多くの場合、ストレス、警戒、不安や恐怖、要求、興奮などが原因です。

コリが原因のストレス反応のこともあり、野生動物の本能で、こっていること（＝弱点）を隠そうとする威嚇反応の表れで吠えるパターンです。

よく吠える犬は、首や背中・アゴの周りの筋肉が張っています。顔マッサージ（☞P58）のほか、後頸部のマッサージ（☞P48）、背のマッサージ（☞P63）などが効果的です。

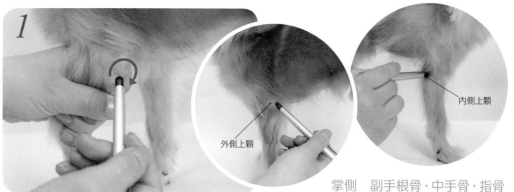

掌側　副手根骨・中手骨・指骨

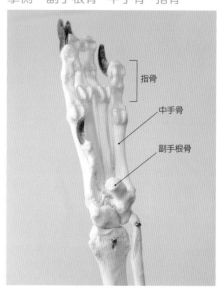

指骨
中手骨
副手根骨

●肘頭のマッサージ

肘関節の外側と内側をチェックします。前肢を軽く曲げで肘頭を突き出させ、肘関節を軽くマッサージします。

●肘裏の屈筋マッサージ

前腕の後面の肘関節は、後腕の屈筋の起始部です。

●尺側手根屈筋のマッサージ

副手根骨の付け根の腱を200gの圧で5〜10秒押すか、こすってゆるめます。前足首の折れ曲がりが改善します。

●指屈筋腱のマッサージ

掌球と指球の間には指ごとに、指を曲げる浅指屈筋と深指屈筋があります。掌球と指球の間を指ごとに200gの圧でこすります。

●前腕の伸筋のマッサージ

外側上顆に停止する前腕と後腕の筋肉、手指の筋肉の腱を200gの圧で5～10秒押してゆるめます。

●指先のマッサージ

爪の側面を1本ずつ軽くつまんで刺激し、中手指節関節を指でくるくるマッサージし、中手骨と指骨に付着する腱をゆるめます（☞P81）。

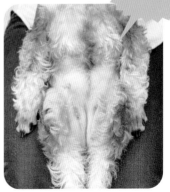

●上腕二頭筋の起始部をポチッとマッサージ

前肢の筋肉が一気にゆるみ、肘の折れ曲がりが改善します。

→効果は歴然！マッサージの前と後

こんなに違う！

●胸と肩から手先までの筋肉が硬いと、仰向けになったとき前肢は幽霊の手のようになります。マッサージでしっかりほぐれると、肩から手首までまっすぐに伸びます。慣れればわずか10分足らずでできます。

マッサージ前…

●四肢③
前肢の指マッサージ

【目的】　・指の動きを良くして腱のコリをほぐす
　　　　　・指の変形に伴う肘関節の痛みを取る

開張肢と併せて起こりやすい「ハンマートゥ」などの指の変形

　骨格の構造に原因がある場合や、歩行時の長年の癖で足裏の正しいバランスで地面をとらえていないと、指がそれを補おうと地面を掴むようになります。すると、足底の腱が過度に機能するようになり、指が変形してしまいます。中には突き指などが原因で4本のうち1本だけ、2本だけ曲がっていたり、変形している犬もいます。

　指の拘縮が起きている場合、痛みがあるため、指先を触ろうとすると怒ったり、嫌がって手を引っ込めようとしたりします。つま先を触ると嫌がる犬の場合は、指の変形がないかどうかもチェックしましょう。

指先のマッサージ

●指をひねる

4本の指を内側と外側にひねってみます。体重のかけ方の癖によってひねりにくい方向があれば、ひねりにくい方を多めにひねります。

[POINT] ひねりにくい方にひねるときはとても痛いので、慎重に加減しながら、左右同等にひねりやすくなるまで続けます。

●人差し指、中指をゆるめると、鎖骨頭筋（頸部・乳突部）や上腕の内側が連動してゆるみ、つま先のハの字が改善されます。

●指を引っ張る

4本の指を引っ張ります。背側の各伸筋の腱、掌側にある屈筋の腱（掌球と小さい肉球の間にあります）をストレッチするように伸ばします。

●指を上下させる

関節の1本1本を上下に波を打つように動かします（🐾p81）。

指の変形

正常な関節の指

ハンマートゥ

指の第1〜3関節が曲がって金槌のように変形したつま先。

クロウトゥ

指の第2・3関節が鉤爪のように曲がって変形したつま先。

変形性関節症のひとつで、このほか木槌のように第1関節だけが曲がるマレットゥもあります。日々のマッサージで予防と改善ができます。

前肢のマッサージ

　指先にトラブルがあると、それをカバーして肘や肩にも負担がかかるようになります。指のマッサージと前肢のマッサージをセットで行いましょう。

●前肢の屈伸マッサージ

後頭骨についている鎖骨頭筋の付着部と筋腹部分に手を添えて、鎖骨頭筋（頸部）をゆるませます。

●前肢の可動域を広げるマッサージ

肘関節を持ち、肩関節の少し内側あたりにある鎖骨頭筋を指圧しながら（●）、2秒に1回の速さで3回前肢を上げ下げします。

ゆるみにくい場合は…

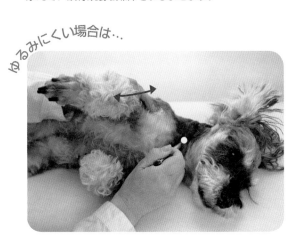

硬直が強くゆるみにくい場合は、2秒お休みして少し位置をずらして押さえてから（●）、腕を上下に動かします。

お座りでもOK

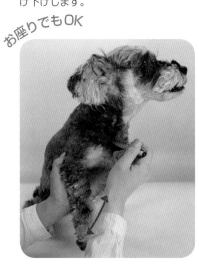

●伏せでのマッサージが苦手な犬は、お座りで行ってください。

こんな犬におすすめ

- ●手先に触られるのを嫌がる犬。
- ●立つと、前肢のつま先が開いている犬。
- ●指や手首に変形があり、足底をしっかりつけない犬。
- ●爪を噛んだり指をよくなめる犬。
- ●仰向けになると前肢が幽霊のように曲がる犬。
- ●方向転換をより素早くなど、パフォーマンス力をアップしたいアスリート犬。
- ●転倒しやすくなったシニア犬。

●四肢④
後肢の指マッサージ

【目的】 ・膝、足首、指先のトータルケア
・筋力の落ちた老犬の転倒防止

膝から足先までを柔軟に

膝が硬くなって曲げ伸ばしがスムーズにできなくなると、じきに足首も硬くなり、指の動きも悪くなります。腰・膝・後肢のマッサージの仕上げに行ってください。パフォーマンス力を上げたいアスリート犬、老犬の転倒防止にも効果大です。

●中足骨のくるくるマッサージ

中足趾節関節の出っ張りを、ごく軽い圧で円を描くようにくるくるマッサージします（前肢も可です）。

●足裏のマッサージ

足裏は足底屈筋と、指先まで伸びる足底屈筋の4本の腱があります。かかとからジグザクにマッサージします。

●屈筋の指圧マッサージ

脛骨と腓骨から始まる深趾屈筋と、大腿骨から始まる浅趾屈筋を指圧します。[POINT]かかとの下にある腱（●）をつまんでもOK。

●足指のマッサージ

かかとを押さえて掌球と指球の間にある屈筋の腱を伸ばし、水かきを広げます。

●これらの一連のマッサージを行うと、指の動きが柔軟になるだけでなく、足首の屈伸の動きが途端に良くなります。
足首を曲げにくい大型犬はとくに念入りに行ってください。

●四肢⑤
爪のマッサージ

【目的】　・つま先の立ち上がりを良くし、筋力を維持する
　　　　　・指のマッサージと併せ、柔軟で健康なつま先にする

つま先の健康維持のため、爪と指球の高さを同じに

　鉤爪（かぎづめ）は1週間で平均1.9mm伸びます。長く伸びたままにしておくと、しっかり地面をつかめず、指が変形してからだの重心も後ろにズレ、腰を痛めやすくなります。指球（小さい肉球）と同じ高さになるように整えて切るようにしましょう。

●爪のマッサージ
爪の根元を1本ずつ、つまむようにもみます。

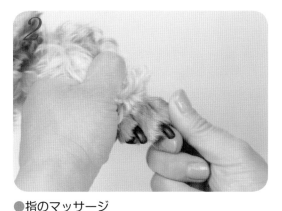

●指のマッサージ
指を1本ずつ引っ張ってマッサージし柔らかくします。

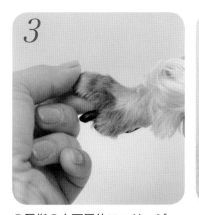

●足指の上下屈伸マッサージ
指を1本ずつ上下に曲げ伸ばしして、屈筋と伸筋を柔軟にさせます。

●全体重を支える肉球（pad）と、スパイクの役割の鉤爪（claw）とで歩いたり走ったりしている犬にとって、このふたつのケアはとても大切です。

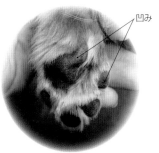

凹み

▲腰痛をかばった姿勢で凹みができた肉球

ランドマークの詳細チェック

　「ランドマーク」は、的確なマッサージをスピーディーに行うために、是非覚えておきたい目印となる部位です。ここでは、主なランドマークの位置と、そこをマッサージすることによってゆるむ筋肉を記しました。写真と骨格模型でランドマークの位置を確認し、実際に愛犬のからだに触れて確かめましょう。

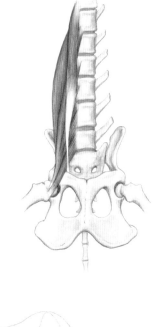

●主な24カ所のランドマーク

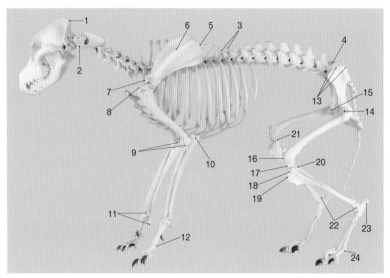

●本書ではこのほか、頬骨、側頭骨、胸骨柄など、各部位のマッサージでランドマークを取り上げています。

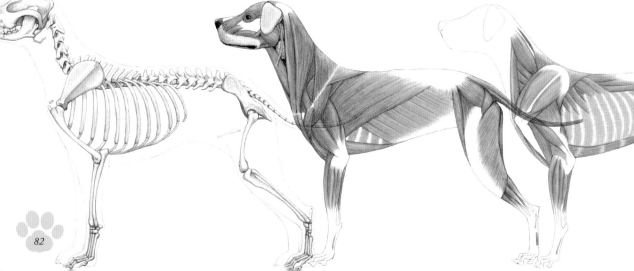

1. 項稜

頭蓋骨の尾側遠位端・背側に触れる頭蓋骨の「かど」。

マッサージでゆるむ筋肉／鎖骨頭筋、胸骨頭筋、頭半棘筋、板状筋

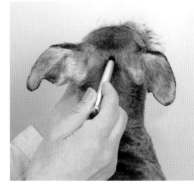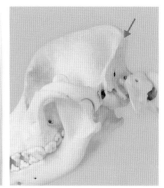

2. 環椎翼（第1頸椎の横突起）

項稜の尾側すぐ、棘突起の左右に大きく触れることができる骨。

マッサージでゆるむ筋肉／肩甲横突筋

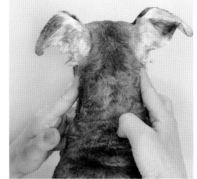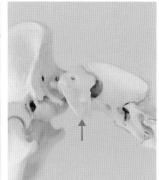

3. 第10・11胸椎棘突起

頭蓋から尾側に棘突起を触れていき、大きく凹んだ部分。最後肋骨に沿って背側に触れていき、脊椎に到達したところ。

マッサージでゆるむ筋肉／広背筋、胸最長筋

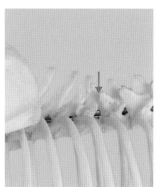

4. 腰仙椎移行部（第7腰椎〜第1仙椎）

両側の腸骨稜を結ぶ線より指1本分尾側に触れることができる凹み。

マッサージでゆるむ筋肉／無し

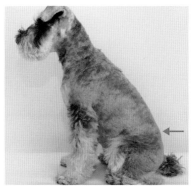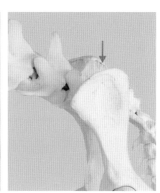

5.肩甲骨前縁・背縁・後縁

肩甲骨の骨をかたどるように触れることができる背側の端。

マッサージでゆるむ筋肉／肩甲骨背縁：菱形筋　肩甲骨後縁：上腕三頭筋（長頭）、大円筋、小円筋

6.肩甲棘

肩甲骨を2分するように走る棘状の突起。

マッサージでゆるむ筋肉／三角筋、僧帽筋（頸部・胸部）、棘上筋、棘下筋

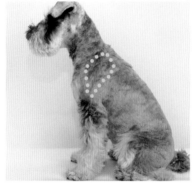

7.肩峰

肩甲棘の腹側端に触れることができる突起。肩関節から尾側へ少し斜め上にある。

マッサージでゆるむ筋肉／三角筋、肩甲横突筋

8.上腕骨大結節

上腕骨の近位端、頭側に触れることができる突起。

マッサージでゆるむ筋肉／深胸筋、浅胸筋（下行胸筋）、棘上筋、棘下筋

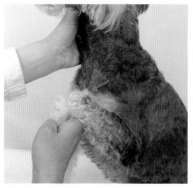

9.内側上顆・外側上顆

上腕骨の骨体に沿って遠位に移動し、肘関節上の内外側に触れることができる突起。

マッサージでゆるむ筋肉／内側上顆：肘筋、回内筋、橈側手根屈筋、深指屈筋、浅指屈筋　外側上顆：肘筋、橈側手根伸筋、総指伸筋、外側指伸筋、尺側手根伸筋、尺側手根屈筋、腕橈骨筋（ない犬もいる）

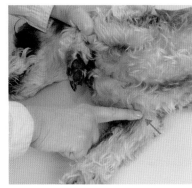
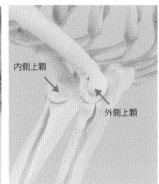

10.肘頭

肘関節の尾側にあるつまむことができる大きな突起。

マッサージでゆるむ筋肉／上腕三頭筋（長頭・副頭・内側頭）、肘筋、前腕筋膜張筋

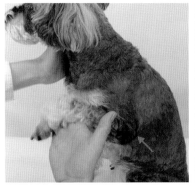
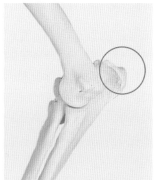

11.茎状突起（橈骨・尺骨）

肘関節から前腕に沿って手根関節に移動し、内外側に触れる突起。肘頭から連続しているのが尺骨（小指側）、肘頭がないのが橈骨（狼爪側）。

マッサージでゆるむ筋肉／橈骨・尺骨ともに無し

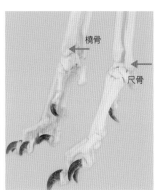

12.中手指節関節

手根骨より遠位　手背側を親指の腹でこすってみると並んでいるのが触れることができる（前足のぽこぽこ）。

マッサージでゆるむ筋肉／総指伸筋、橈側手根伸筋、外側指伸筋

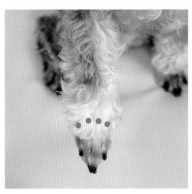
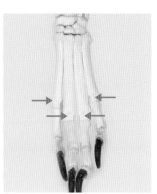

13.腸骨稜

腸骨の前側の背側端を前背側腸骨棘、腹側端を後腹側腸骨棘、両棘を結ぶ線を腸骨稜という。
マッサージでゆるむ筋肉／腰最長筋、腸肋筋、縫工筋（前部）、中殿筋

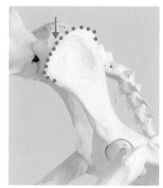

14.大腿骨大転子

坐骨結節から前外側に移動し、触れることができる大きな突起。大腿骨を外転すると大転子は触れなくなり、内転させると突出する。
マッサージでゆるむ筋肉／中殿筋、深殿筋、浅殿筋、双子筋、内閉鎖筋、外閉鎖筋、大腿四頭筋（外側広筋）

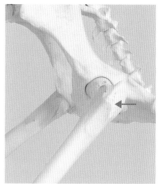

15.大腿骨小転子

腹側面　仰向けもしくは横向きに寝て足を上げたときに触れる寛骨臼とのジョイント部分付近の米粒〜豆粒大の骨。
マッサージでゆるむ筋肉／腸骨筋、大腰筋

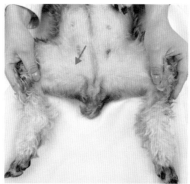
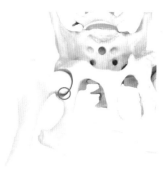

16.膝蓋骨

膝関節の頭側に位置する楕円形の小さな骨。
マッサージでゆるむ筋肉／大腿四頭筋（外側広筋・大腿直筋・内側広筋）、縫工筋（前部）

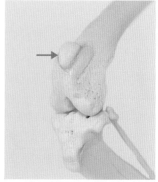

17.膝蓋腱

膝蓋骨の直下に位置する腱。押すと弾力がある軟部組織に触れる。

マッサージでゆるむ筋肉／大腿四頭筋（外側広筋・大腿直筋・内側広筋）、縫工筋（前部）

18.脛骨粗面（前側）

膝下　脛骨の上部の少し平らになっている部分。

マッサージでゆるむ筋肉／縫工筋（後部）、前脛骨筋

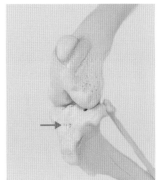

19.脛骨粗面（稜）

膝蓋腱の直下、脛骨の前面近位に長軸に突出する骨部分。

マッサージでゆるむ筋肉／半腱様筋・外側広筋・大腿筋膜張筋

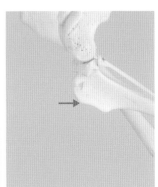

20.腓骨頭

膝関節の尾側、大腿骨の内外側に位置。

マッサージでゆるむ筋肉／長腓骨筋、長第一趾伸筋、外側趾伸筋

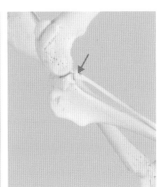

21.腓腹筋種子骨

膝関節の尾側大腿骨の内外側に位置。

マッサージでゆるむ筋肉／腓腹筋

22.内果・外果

下腿骨に沿って遠位に移動する。足根関節の内外側に触れる突起（内くるぶしと外くるぶし）。

マッサージでゆるむ筋肉／無し

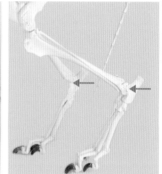

23.踵骨

足根関節の尾側に位置するつまむことのできる突出した骨（かかとの骨）。

マッサージでゆるむ筋肉／大腿二頭筋、半腱様筋、腓腹筋、浅趾屈筋

24.中足趾節関節

足根関節の遠位、指を曲げて足背を指の腹でこすると、細かい骨が並んでいるのに触れることができる（後足のぽこぽこ）。

マッサージでゆるむ筋肉／長趾伸筋、短趾伸筋、外側趾伸筋、長腓骨筋、長第一趾伸筋

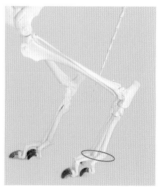

究極のマッサージ 〝トリガーポイント リリース〟

　メンテナンスドッグマッサージのテクニックで最も重要なのが、痛みの中心点であるトリガーポイントをねらう**トリガーポイントリリーステクニック**です。

　熟練の指先の感覚が必要な上級者向けテクニックですが、コツさえつかめば、トリガーポイントがまるで指先の体温で氷が溶けていくような感覚があり、ドッグマッサージがとても面白くなります。

　はじめて触られると犬はとても痛がりますが、慣れてくると、ピンポイントで触られることで痛みが消えることを理解します。短時間で犬との信頼関係を築けるテクニックでもあり、その心地良さを一度体験してしまうと、指で押さえる位置や角度が的確でないと本気で怒る犬もいます。

トリガーポイントにきちんと当たらず怒っている犬

　個体によって例外もありますが、浅層と深層を合わせると、犬のトリガーポイントは統計的に合計40箇所に及びます。* 筋繊維の束全体の数本が微小な痙攣を起こしている部分を**ストレスポイント**と呼びますが、トリガーポイントとストレスポイントが出現する場所が経験的に同じことが多いため、本書では同等の扱いにして下図を作成しました。詳説は「上級編」の発行の機会を待ちたいと思います。

　POINT1. トリガーポイントには「顔」があります。その顔の正面から、面つぶしのイメージで指先を垂直に当てます。当てる角度がずれる、指先の面積が広すぎる、押さえる圧が強すぎると、トリガーポイントが溶ける感覚（リリース）は訪れません。

　POINT2. 筋肉が縮んでいる状態でおこないます。筋肉が伸びている状態で押さえると痛みが強く、リリースされません。痛いかどうかは目の表情をよく観察し、圧を加減してください。

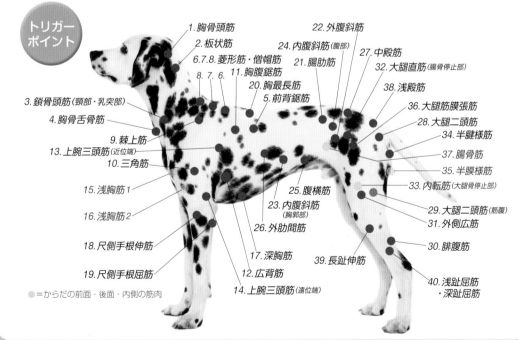

トリガーポイント

1. 胸骨頭筋
2. 板状筋
6.7.8. 菱形筋・僧帽筋
11. 胸腹鋸筋
20. 胸最長筋
5. 前背鋸筋
22. 外腹斜筋
24. 内腹斜筋（腹部）
21. 腸肋筋
27. 中殿筋
32. 大腿直筋（腸骨停止部）
38. 浅殿筋
36. 大腿筋膜張筋
28. 大腿二頭筋
34. 半腱様筋
37. 腸骨筋
35. 半膜様筋
33. 内転筋（大腿骨停止部）
29. 大腿二頭筋（筋腹）
31. 外側広筋
30. 腓腹筋
39. 長趾伸筋
40. 浅趾屈筋・深趾屈筋

3. 鎖骨頭筋（頸部・乳突部）
4. 胸骨舌骨筋
9. 棘上筋
13. 上腕三頭筋（近位端）
10. 三角筋
15. 浅胸筋1
16. 浅胸筋2
18. 尺側手根伸筋
19. 尺側手根屈筋

25. 腹横筋
23. 内腹斜筋（胸郭部）
26. 外肋間筋
17. 深胸筋
12. 広背筋
14. 上腕三頭筋（遠位端）
39. 長趾伸筋

●＝からだの前面・後面・内側の筋肉

*Jean-Pierre Hourdebaigt (2003) "Canine　Massage：second edition-A Complete Reference Manual" Dogwise

人気の犬種＆こりやすい部位

人気の主な犬種と、その犬種の「こりやすい部位」＊をまとめています。

1位 トイプードル

大きさ	小型犬
体高	28cm以内
体重	3kg
原産国	フランス

こりやすい部位／首・背中・後躯

2位 チワワ

大きさ	小型犬
体高	15〜23cm
体重	2.7kg以下
原産国	メキシコ

こりやすい部位／首・肩・後躯・膝

3位 MIX犬（体重10kg未満）

大きさ	小型犬
体高	−
体重	10kg未満
原産国	−

4位 柴犬

大きさ	小型〜中型犬
体高	37〜40cm
体重	9〜14kg
原産国	日本（本州、四国の山岳地帯）

こりやすい部位／首・背中・後躯

5位 ミニチュア・ダックスフント

大きさ	小型犬
体高	13〜23cm
体重	4〜5Kg
原産国	ドイツ

こりやすい部位／首・背中・胸・前肢・股関節・後躯

6位 ポメラニアン

大きさ	小型犬
体高	20cm
体重	1.5〜3kg
原産国	ドイツ

こりやすい部位／首・肩・後躯

7位 ミニチュア・シュナウザー

大きさ	小型犬
体高	30〜35cm
体重	6〜7kg
原産国	ドイツ

こりやすい部位／首・側腹部・後躯

8位 ヨークシャー・テリア

大きさ	小型犬
体高	23cm前後
体重	3kg以内
原産国	イギリス

こりやすい部位／背中・後躯

9位 シー・ズー

大きさ	小型犬
体高	27cm以下
体重	8kg以下
原産国	チベット

こりやすい部位／首・背中・後躯

10位 マルチーズ

大きさ	小型犬
体高	25cm
体重	1.5〜3kg
原産国	マルタ共和国

こりやすい部位／背中・腰

★協力　和黒柴な日々　http://kuro-shiba.net

＊個体差、飼育環境の差があります。

メンテナンス ドッグマッサージで
元気になったワンちゃんたち

メンテナンスドッグマッサージで元気を取り戻したワンちゃんたちを、ごく一部ですがご紹介します。
ドッグマッサージは歴史が浅く、日本ではまだまだ周知されていないのが現状です。症状の改善や予防のためにできることがたくさんあることをお伝えしたいと思います。

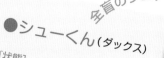

全盲のシニア犬

●シューくん（ダックス）

[状態]
全盲で足が少しよろける13歳のシュー君。開き気味の後肢は足首から太腿にかけての筋肉が硬く、前肢を前後にずらす癖は背骨がゆがんでいる可能性がありました。

[マッサージと効果]
5分のマッサージで改善しました。若いときのようにうまく後ろ足が使えなくなってきたシニア犬、目が見えないため運動量が減って筋力が落ちてきているワンちゃんにも、有効なドッグマッサージ＆ドッグエクササイズはたくさんあります。

再手術のリハビリ

●チャチャちゃん（トイプードル）

[状態]
11ヶ月のとき、レッグペルテス（レッグパーセス）で左脚大腿骨切除手術後、まっすぐ歩けるようにならず、再手術。リハビリ、プール療法ほか、さまざまなマッサージを受けても良くならず、7歳のときに再々手術を考えていました。

[マッサージと効果]
はじめ、リハビリと平行してマッサージを月1回。1ヵ月ごとに、スキップで歩かない期間がだんだん延びていき、痛み止めとリハビリを卒業。
6ヶ月後には、見た目は他の犬とわからないくらいの歩き方に回復しました。

肩関節のズレ

●ルビィちゃん（トイプードル）

[状態]
肩関節が1センチずれていて、犬の整体治療では改善せず。

[マッサージと効果]
チャチャちゃんと同居のワンちゃん。1回目のドッグマッサージで肩は左右均等になり、その後は月1回マッサージを続けました。性格が明るくなって自己主張ができるようになった上、食が細かったのに、もりもりゴハンが食べられるようになりました。
マッサージが大好きで、延長希望のときには、「ハイ♬」と手を上げます。

●茶々ちゃん（ミックス）

術後の歩行トラブル

［状態］
1歳のとき、レッグペルテス（レッグパーセス）で右脚大腿骨切除手術をうけたあと、まっすぐ歩けない状態に。

［マッサージと効果］
1回目のマッサージでまっすぐ歩けるようになりました。1ヵ月後、2回目のマッサージを終えたあと、ドッグランを走れるようになるまでに回復。ご家族の毎日の献身的なマッサージでまっすぐ歩ける状態になり、その後再手術もなく元気に過ごしています。

膝蓋骨脱臼

●はなちゃん（ヨークシャーテリア）

［状態］
1歳半のとき、右膝の膝蓋骨脱臼グレード3で膝蓋骨がはまる溝を深くする手術を受けましたが、その後も右後肢を挙げたたまま歩く状態でした。右膝をかばっているために、右前足首から下の立ち上がりが弱く、前肢が開き気味で、背骨のゆがみも出ていました。

［マッサージと効果］
内転筋ポチっとマッサージと首の緊張を緩めただけで、後肢が地面につくことも増え、前肢と背骨の問題もほぼ解消しました。
膝蓋骨脱臼はグレードや状態にもよりますが、はなちゃんのように膝を動かすときに使う筋肉が過剰に緊張して、大腿骨の溝から外れて戻りにくい場合には、緊張している筋肉をマッサージでゆるめてあげるといい結果が出ることがあります。自宅での継続的なケアが一番大切です。

膝蓋骨脱臼

●べべちゃん（ポメラニアン）

［状態］
1歳のときに膝蓋骨脱臼グレード1〜2と診断され、最初は自分で外れた膝蓋骨をはめることができていましたが、だんだん散歩を嫌がるようになり、大好きな場所へ行ってもほとんど歩かなくなりました。

［マッサージと効果］
スクールに入学され、メンテナンスドッグマッサージの学習と平行してご自宅でのマッサージを続けたことで、どんどん筋肉が柔らかくなり関節の可動域も増えて、今ではお散歩も喜んでするようになっています。

変形性脊椎症

●香蓮（ミニチュアシュナウザー）

［状態］
7歳のときに先天性の腰椎と仙椎の変形があることがわかり、11歳のとき変形性脊椎症と診断されました。椎間板ヘルニアの手前の状態まで進み、後肢にふるえが出ていました。

［マッサージと効果］
内転筋と後肢帯筋のマッサージで後肢のふるえはほとんどなくなり、温泉やプールでの運動、水中でのマッサージ療法の繰り返しによって症状の進行を抑え、活発に歩行できています。

椎間板ヘルニア

●めばるちゃん（ペキニーズ）

［状態］
椎間板ヘルニアグレード5を発症し、下半身麻痺の状態でした。また、背骨が曲がっているためまっすぐ進むことができず、内臓も右側に偏っていました。

［マッサージと効果］
右側に押し出されていた内臓は、1時間の施術中に正しい位置にもどりました。その後、飼い主さんの懸命な努力で、滑らない床であればなんとか歩こうとするところまで回復。

● youtube で見るビフォー＆アフター
膝蓋骨脱臼があるマルチーズ・リュウくんのマッサージ前後の歩様　https://www.youtube.com/watch?v=XCAQp7rf5uk&feature=youtu.be
膝蓋骨脱臼グレード3 手術後も後肢を折り畳んで歩こうとするヨークシャーテリア はなちゃん　https://www.youtube.com/watch?v=uhYcwmyKiNw
他多数

おわりに

●「犬にアロマやマッサージをする仕事ってあるのかな?」という突然のひらめきにワクワクして、2003年の春、犬を飼ってもいないのにドッグセラピストを仕事にしようと心に決めました。

●当時ドッグマッサージを教える学校は日本に1つしかなく、パートナー犬の同伴が条件でした。高校生の頃から憧れていたミニチュアシュナウザーに決め、ペットショップでブルブル震えていた生後2ヵ月のシュナウザーをパートナー犬として迎え入れました。それが香蓮です。

●リラックスが目的の従来のマッサージではない、痛みを瞬時に軽減するマッサージの開発のきっかけは、レッグペルテス(大腿骨頭壊死症)の術後も歩行のたびに痛みに苦しんでいることを教えてくれたワンちゃんとの出会いでした。

●まずヒトのマッサージ技術を極めようと、スタッフは国家資格者ばかりという銀座のハイレベルな治療系サロンに入れていただき、筋肉の痛みを素早く取る施術技術をみっちり叩き込んでいただきました。4年半後、気がつけば売り上げNo.1のスタッフとなり、「犬の世界で頑張りなさい」とオーナーの浦川マリ子さんに強く背中を押されて、ドッグセラピストとしてのスタートをきったのです。

●しかし、習得した施術技術の犬バージョンの本は当時どこを探してもありませんでした。そのため、最小限の時間で最大限の効果を発揮できるドッグマッサージテクニックを確立するため、数少ない情報を集めて研究・開発することになりました。

●メンテナンスドッグマッサージ®を施術として完成できたのは、これまでマッサージをさせてくれたたくさんのワンちゃんたちのおかげです。痛いところを教えてくれ、どうすれば楽になるのか身をもって示してくれたワンちゃんたちは、私の一番のお師匠さんといえるでしょう。

●そして、犬の世界をまったく知らなかった私を一人前のドッグセラピストに育ててくれたパートナーは香蓮でした。香蓮がいなければ、メンテナンスドッグマッサージ®は生まれませんでした。今では後輩犬の芙蓉も加わり、365日、彼女たちとドッグセラピストの仕事をしながら、旅も楽しんでいます。

●今年12歳を迎えた香蓮は、背骨の老化による変形性脊椎症の痛みに苦しんでいます。「もう治療法がない」と獣医師から告げられたとき、レントゲン写真を前に、ドッグマッサージ・ハイドロセラピー・アロマの知識と技術で、必ず香蓮を楽にしてあげられる!と瞬時に確信したのです。痛みをゼロにすることはできませんが、明らかに軽減し症状の進行を止めることができています。

●「まだしてあげることがある!」と思える深い安心感と勇気を、同じ悩みを抱える飼い主さんにも届けたい、また、言葉を話せないワンちゃんたちに代わって、一日でも早くからだの痛みを飼い主さんに気づいてもらいたいという思いで、この本をつくりました。私がドッグセラピストとして本当に欲しかったドッグマッサージ本になったと思います。

●ドッグマッサージという新しい職業を目指す方々の手引書として、愛犬を大切に思う飼い主さんの新しい習慣のきっかけの書として、また動物病院でリハビリとしてのドッグマッサージのやり方を模索されている獣医業界の方への提案の書として、本書が長く愛されて行くことを願っています。

●最後に、関節や筋肉の痛みを飼い主さんに伝えて楽になりたいワンちゃんたちのために本を出したかった私の思いを、情熱と信念で形にしてくださった皆様方のご尽力に、言葉にならない感謝の気持ちを述べたいと思います。

本当にありがとうございました。

櫻井裕子

Special Thanks to DOGS

Special Thanks（順不同・敬称略）

戸田美紀・戸田充広・浦川マリ子・辻村有紀・荒木和美・田中智美・片倉真弓・井田俊亮・川島きづな・兼安邦恵・手嶋和恵・
北村厚子・かとうゆうこ・岡崎由希子・松下裕恵・大久保なおみ・石塚純子・岩崎有美・神谷敏弘・一柳美佐子・福光テル子・
長谷川忍・岡田佳子・瀧本ゆりこ・松山久美子

参考文献

アーネスト・トンプソン・シートン(1997)『美術のためのシートン動物解剖図』上野安子翻訳,マール社

村田祐子編著(2009)『新・絵で見る—犬の構成と歩様』多田正・鍵和田哲史監修,東京六法出版

Leon Hollenbeck (2002)『犬の歩様力学』五十嵐一公監修,村田祐子編集,鳳鳴堂書店

Robert A Kainer・Thomas O.McCracken (2003)『犬の解剖カラーリングアトラス』日本獣医解剖学会監修,学窓社

Julio Gilほか(2016)『写真とイラストで見る—犬の臨床解剖』武藤顕一郎訳,インターズー

Salvador Climent Perisほか(2017)『3Dビジュアルで学ぶ犬の関節解剖学』枝村一弥監訳,緑書房

枝村一弥(2011)『今すぐ実践!神経学的検査と整形外科学的検査のコツ』ファームプレス

Jean-Pierre Hourdebaigt・Shari L.Seymour(2003)『治療から日常の健康維持、リラクセーションまで—ドッグ・マッサージ』岩崎利郎
監訳,有村心子・木村武司訳,メディカルサイエンス社

Jean-Pierre Hourdebaigt (2003)『Canine Massage：second edition-A Complete Reference Manual』Dogwise

Andrew Biel(2012)『改訂版・ボディナビゲーション—触ってわかる身体解剖』坂本桂造監訳,医道の日本社

藤縄理(2016)『ガンコなコリが一気に消える!—肩甲骨はがし』宝島社

坂戸孝志(2017)『「つらい腰痛」は指1本でなくなります— 薬も道具も使わない、「腰痛緩消法」なら自分で治せる!』三笠書房

坂戸孝志(2013)『カラー版 9割の腰痛は自分で治せる』中経出版

Howord.E. Evans　Alexander de Lahunta『Guide to the Dissection of the dog』株式会社ファームプレス

参考動画・参考サイト

https://www.imaios.com/en/vet-Anatomy/Dog/Dog-General-anatomy-Illustrations
http://kintorecamp.com/adductor-workout/
http://www.herniadog.net/knowledge/sort.html
https://rehatora.net/

著者●櫻井裕子 (さくらいゆうこ)

株式会社チェリーィヌ代表取締役社長。メンテナンスドッグマッサージ®創案者。メ
ンテナンスドッグマッサージ®スクール&サロン『アプリシエ』経営。
《ワンコの本音ファースト》をモットーに「犬のお困りごと解決企業」として様々な
ビジネス展開を計画している。
ハーブ&アロマテラピー会社勤務時に、犬を飼っていないのにドッグマッサージで
身を立てる構想がひらめき、ドッグマッサージを学びながら有名人もお忍びで通う
銀座の治療系サロンに未経験で入り、技術を習得。売上トップになる。一般社団法
人ペットマッサージ協会公認講師として100人以上を教えた後、独学で学んで確立
したメンテナンスドッグマッサージ®を広めるべく個人事業として2011年独立。関
節のトラブルや骨格の歪みからくる不調を抱える犬たちのマッサージに定評がある。
犬の情報専門誌『月刊wan』(緑書房)に合計5回特集ほか、名古屋ZIP-FMで1年
間ドッグマッサージ解説コーナーを担当。スカイ総合ペット専門学校非常勤講師。
【メディア】
・アプリシエ HP/
　https://www.appricie.com/
・ブログ／「アロマ&ドッグマッサージで犬の人生が変わる」
　https://ameblo.jp/aromalifedesign-appricie
・Instagram/
　https://www.instagram.com/appricie

改訂版
メンテナンスドッグマッサージ® 基礎編

2021年12月22日　第1刷発行
2024年 6月18日　第3刷発行

著　　者　　櫻井裕子
発 行 人　　伊藤邦子
発 行 所　　笑がお書房
　　　　　　〒168-0082東京都杉並区久我山3-27-7-101
　　　　　　TEL03-5941-3126
　　　　　　http://egao-shobo.amebaownd.com
発 売 所　　株式会社メディアパル(共同出版者・流通責任者)
　　　　　　〒162-8710東京都新宿区東五軒町6-24
　　　　　　TEL03-5261-1171

構成·編集·デザイン　渡辺憲子
改訂版補正　市川事務所
イラスト　赤崎晴樹
撮　　影　秋月武　松山慶久

印刷製本　シナノ書籍印刷株式会社

© yuko sakurai／egaoshobo 2024Printed in Japan

●お問合せ
本書の内容について電話でのお問合せには応じられません。予めご了承ください。
ご質問などございましたら、往復はがきか切手を貼付した返信用封筒を同封のうえ、
発行所までお送りください。
●本書記載の記事、写真、イラスト等の無断転載・使用は固くお断りいたします。
落丁・乱丁は発行所にてお取替えいたします。
定価はカバーに表示しています。

ISBN978-4-8021-3301-2　C0077

＊本書は『メンテナンスドッグマッサージ基本編』(マガジンランド 2017年刊)を
　改訂復刊したものです。